无坐力武器设计原理

陶钢　闻鹏 ◎ 编著

DESIGN PRINCIPLES OF
RECOILLESS WEAPONS

北京理工大学出版社
BEIJING INSTITUTE OF TECHNOLOGY PRESS

内 容 简 介

本书主要论述了无坐力武器设计的技术要求、基本理论和方法，主要包括无坐力武器的发展简史、作战使命、研制的流程和未来发展方向；以及无坐力武器的平衡内弹道设计、外弹道与射表、射击学、弹药和测试技术与规范等内容；针对近年来新材料和新技术的发展和运用，引入了新瞄准技术、火控和测试技术等内容。

本书可作为高等院校相关专业基础课的教材，也可为武器设计研究人员、军事工程师、相关专业学生和军事爱好者的学习和研究提供参考。

图书在版编目 （CIP） 数据

无坐力武器设计原理 / 陶钢，闻鹏编著 . -- 北京：
北京理工大学出版社，2025.4.
ISBN 978 - 7 - 5763 - 5292 - 4

Ⅰ. TJ32
中国国家版本馆 CIP 数据核字第 2025EX6642 号

责任编辑：谢钰妹	文案编辑：宋　肖
责任校对：刘亚男	责任印制：李志强

出版发行 / 北京理工大学出版社有限责任公司
社　　址 / 北京市丰台区四合庄路 6 号
邮　　编 / 100070
电　　话 / (010) 68944439 （学术售后服务热线）
网　　址 / http://www.bitpress.com.cn

版 印 次 / 2025 年 4 月第 1 版第 1 次印刷
印　　刷 / 北京虎彩文化传播有限公司
开　　本 / 787 mm × 1092 mm　1/16
印　　张 / 11
彩　　插 / 2
字　　数 / 192 千字
定　　价 / 49.00 元

序言

　　无坐力武器是一类特殊的武器，主要指发射时以后喷的物质来抵消后坐力，从而使其产生的动不平衡冲量很小，可以被人员、轻型架体（载具）所承受，其具有动不平衡冲量小、质量轻、后喷物明显等特点，通常包括无坐力炮、筒式武器、单兵火箭及导弹等。其发射原理、关键技术、设计要点等与"闭膛"火炮有显著差异。

　　无坐力炮，是无坐力武器中最典型的代表，一般通过尾管把发射药燃烧生成的气体喷射出去来抵消后坐力。中小口径的无坐力炮通常轻小便携，是伴随步兵反装甲和攻坚破障的利器，被誉为"单兵大炮"。我国曾装备 40 mm、57 mm、75 mm、82 mm 和 105 mm 五个口径系列的十余种型号，在抗美援朝、中印边境自卫反击战、珍宝岛自卫反击战、对越自卫反击战等历次战争中发挥了重大作用。

　　我国无坐力炮的专业教学，最早可以追溯到 1953 年中华人民共和国成立的中国人民解放军军事工程学院（简称"哈军工"）炮兵工程系，历经了炮兵工程学院（1960 年）、华东工程学院（1966 年）、华东工学院（1984 年）、南京理工大学（1993年）的时代变迁和血脉传承。1969 年，因急需研制新的 82 mm 无坐力炮，华东工程学院从多个专业抽调精兵强将组建"八二科研分队"，同时承担无坐力炮教学和科研工作；研制的"营 82 mm 无坐力炮及火箭增程破甲弹"荣获 1978 年全国科学大会奖，"八二科研分队"获"在我国科学技术工作中作出重大贡献"的先进集体表彰，1981 年并入弹道研究所（现南京理工大学能源与动力工程学院），代号"806"教研室，它是目前国内唯一承担无坐力炮专业教学和科研一体的机构。2015 年，当我们重启新一代无坐力炮研究工作时，率先想到南京理工大学的"806"教研室，邀请时任教研室主任的陶钢老师"出山"扛旗，这位身材高挑、精神矍铄的长者，成为我国最新一代无坐力炮研制项目的总设计师。

陶钢等编著的《无坐力武器设计原理》，是在无坐力炮行业发展停滞 30 年后，对最新一代无坐力炮研制成果和理论创新的实践总结，对我国培养行业人才、学术创新和装备发展都具有十分现实的意义。本书以新的观点、理论和方法系统介绍了无坐力武器发展史、系统设计、平衡内弹道、外弹道与射表、弹药、射击与测试等相关内容深刻剖析阐述了关键技术及其精髓，为专业教学、军事人才、武器爱好者增添了一本难得的新教材。同时，寄期于未来能在无坐力炮信息化、智能化、无人化等方面出版相关专著。

当今，无坐力武器已由反坦克向多用途、多平台应用转变，给无坐力武器的创新发展带来新机遇。随着科学技术的迅猛发展，特别是人工智能、无人集群、网络信息与武器装备体系化发展步伐加快，相信无坐力武器在未来战争中必将发挥更大、更广泛的作用。由衷期望，以本书为契机，我国的无坐力武器事业能够继往开来、不断创新，持续提升武器装备功能性能和作战效能，让这特殊的行业事业薪火相传、蓬勃发展，在国防现代化建设中不断创造新的辉煌。

中国兵器科学研究院

前言

  无坐力武器是一个庞大的家族，发射原理种类众多，一本书不可能全覆盖。考虑到近期瑞典的"古斯塔夫"（Gustaf）84 mm无坐力炮逐渐成为主流，其在结构和原理上属于非常典型的无坐力炮，符合未来无坐力武器的发展方向，所以本书只介绍这类无坐力炮的设计原理。其他无坐力武器及其发射原理，将作为系列丛书逐步推出。

  本书出版目的是系统地介绍无坐力武器的设计原理和相关技术，以满足武器设计研究人员、军事工程师和相关专业学生的学习和研究需求。读者对象主要包括军事科研院校的教师和学生、国防工业企业的技术人员和军事爱好者。

  本书共7章。第1章主要介绍无坐力武器的发展简史、中国无坐力炮的发展和自主研制情况，以及未来智能化肩射无坐力武器的发展趋势，并简要说明本书的编写内容和无坐力武器的名称解释，为后续章节内容的阐述奠定基础。

  第2章着重介绍无坐力炮系统设计的关键要素。首先概述了设计的重要性，其次详细讨论了武器系统研制的要求，包括主要作战使命、产品组成、无坐力炮的发射原理、武器系统的要求、炮口动能和武器系统的质量等。

  第3章主要介绍无坐力炮内弹道设计的理论和方法。

  第4章主要介绍基于射表的外弹道理论。

  第5章主要介绍无坐力炮的典型弹药——榴弹和破甲弹。

  第6章主要介绍射击学和瞄具相关的内容，对如何提高射击精度进行了讨论。

第7章主要介绍无坐力武器各项参数的测试方法和相关规范。

全书各章节主要由陶钢和闻鹏编著,蒋中惠参与编著了第3章,丁丰参与编著了第4章和第5章,臧峰参与编著了第6章,李智宇参与编著了第7章。

由于编者水平和经验有限,书中难免有缺点和不足之处,希望广大教师、学生以及从事相关工作的科技人员对本书提出批评和修改意见。

编　者

2025 年 3 月

目　录
CONTENTS

第 1 章

绪　　论

本书关注的无坐力武器主要指单兵使用、便携式、肩扛发射的无坐力炮。这类武器是采用无坐力发射原理设计的实用型武器，符合实用型武器的各种要求和特点。通常，无坐力武器可以对付敌坦克、步兵战车、自行火炮，以及摧毁敌碉堡、土木质工事和障碍物，压制和杀伤遮蔽物后的有生力量等。

从历史的角度看，无坐力武器的兴衰与世界战场形势和需求紧密联系在一起，同时也与新技术的发展紧密相关，始终关注单兵人体工程学的要求。近年来，随着信息化、网络化、智能化和轻量化等新技术的出现，装备该类武器的层级越来越低，现已装备到班组和兵组，呈现单兵化趋势，作战能力越来越强，战场地位不断提升。随着时代的变迁，新的作战形式（如直升机、无人机、城市及特殊环境的作战等）出现，使无坐力单兵武器的用途更加广泛，战场地位变得越来越重要。

目前，无坐力武器已变成一个涉及多学科、多方面和多层次的装备。

1.1　无坐力武器发展简史

1.1.1　无坐力武器的起源

无坐力炮作为一种陆军武器装备，最早出现在第二次世界大战（简称二战）时期。1936 年，世界上第一款无坐力炮诞生，而第一次投入战争是在二战时期的芬兰战争（1939 年）中，使用的是俄国人梁布兴斯基发明的一种 76.2 mm 的无坐力炮。1942 年，美国陆军开始装备 60 mm 反坦克系统"巴祖卡"火箭筒。1943 年，德国装备的"铁拳"（Panzerfaust）一次性无坐力反坦克榴弹在二战中发挥了巨大的作用，特别是在柏林保卫战中摧毁了大量苏军坦克。这一效果直接推动了二战后无坐力炮反坦克武器的发展。一般认为"巴祖卡"火箭筒和"铁拳"反坦克榴弹发射器是无坐力炮的起点。

1.1.2　国内无坐力武器的发展简史

中国最早的无坐力炮是在民国时期对美国产品进行模仿改造产生的。1945年，国民政府得到两种美援无后坐力炮实物之后即着手仿制。1946年7月，第50兵工厂以M18型无后坐力炮作为母型开始仿制。1947年11月仿制成功，兵工署将其命名为"民国36年式57 mm无坐力炮"。中华人民共和国成立后，于1952年仿制美国M20型75 mm无后坐力炮成功，定型为"1952年式75 mm无坐力炮"。同年，完成了对美M18型的仿制工作，定型为"1952年式57 mm无坐力炮"。

按照技术的发展历史，第一代国产无坐力炮主要是以仿制为主。1958年，针对仿制美式的57 mm、75 mm两种无坐力炮在抗美援朝战场上暴露出的不足，第一机械工业部第一研究所着手研制轻型无坐力炮。时任该所所长的吴运铎同志提出"既要增加威力，又要轻量化"的要求，指出"要减轻炮重，提高威力……斤斤计较不够，必须要两两计较"。1965年，新型无坐力炮研制成功，定型为"1965年式82 mm无坐力炮"（简称65式）。该炮以苏联B-10型（俄文Б-10）82 mm无坐力炮为基础，取消了它的轮子，将质量减至30 kg，整炮可以快速分解结合，且分解后的单件质量较小。同一时期我国也对苏联的RPG-7火箭筒进行了仿制和改造，定型为"69式40 mm火箭筒"（简称40火）。

第二代国产无坐力炮一般指的是自主研制的产品。1964年，解放军炮兵工程学院针对国外坦克的发展，决定开发新型反坦克无坐力炮及弹药。该型无坐力炮于1969年立项，1978年定型，命名为"PW78式82 mm无坐力炮"（简称78式82 mm无坐力炮或78式82无）。全炮重33 kg，直射距离500 m，破甲威力180 mm/68°（Ⅱ型增性破甲弹）。78式82 mm无坐力炮开启了自主研制的新阶段。

第三代国产无坐力炮的代表是PF98式120 mm反坦克火箭筒，其长约1.7 m，弹径120 mm，发射筒重10 kg，破甲火箭弹重6.3 kg，多用途火箭弹重7.5 kg，有效射程在500~1 800 m区间内。

按照武器装备的发展历史，78式82 mm无坐力炮称为反坦克武器连营一代。作为列装部队的占编制的便携式武器，随着78式82 mm无坐力炮逐渐退出解放军装备序列，PF98式120 mm反坦克火箭筒成为替代装备，称为连营二代。

1.1.3　国外无坐力武器的发展简史

国外第一代无坐力炮的代表是"巴祖卡"火箭筒和"铁拳"反坦克榴弹发

射器，也是无坐力炮的起点。

第二代无坐力炮一般指带有发射架的架式无坐力炮，其代表是苏联的 B - 10 型 82 mm 无坐力炮、SPG - 9（俄文 СПГ - 9）73 mm 无坐力炮型，以及瑞典的"卡尔·古斯塔夫"（简称"古斯塔夫"）M2 无坐力炮、苏联的 RPG - 7 火箭筒和德国的"铁拳 3"火箭筒。

第三代无坐力炮是采用了轻量化技术的（一次性）火箭筒和无坐力炮，如瑞典的"古斯塔夫"M3 无坐力炮，美国的 M72E4、苏联的 RPG - 18 和 RPG - 22、法国的"阿皮拉斯""达特 120""萨布拉冈"和 WASP58（"黄蜂"58）、西班牙的 Alcotan - 100、以色列的 SHIPON 火箭筒等。

第四代无坐力炮是具有一定智能特性的近战武器，如瑞典的"古斯塔夫"M4、美国的 PSRL - 1 和 GS - 777 轻型肩射无坐力发射器等。

1.2　无坐力炮的特点和主要作战使命

无坐力炮是提供给部队使用的实用型、大威力、突击、反坦克武器产品，在不同的年代具有不同的特点和使命。如今美国称其为多用途、反装甲、反人员武器系统（multi - role anti - armor anti - personnel weapon system，MAAWS）。这主要和无坐力炮的质量相关。例如，78 式 82mm 无坐力炮质量为 33 kg，炮架质量为 7.6 kg，士兵独自携行困难，因此是多人的炮兵班一起使用和维护一门炮。但随着无坐力炮质量的下降，无坐力炮真正成了"单兵"武器，可以单人独立使用作战。美国对理想单兵携带筒式武器要求标准进行研究，评估了携带武器质量和长度对单兵作战能力的影响。结论是步兵在携带长度超过 31 in[①]（787.4 mm）、质量 8 lb[②]（3.628 7 kg）以上的 81 mm 反坦克系统时会表现出战斗力明显下降。携带的武器长度超过 43 in（1 092.2 mm），则无法实现空降。

国内武器一般是探索一代，预研一代，装备一代。最新一代的轻型无坐力武器的主要作战使命：编配于步兵班，为步兵作战提供多种形式的直接火力打击和支援；在进攻战斗中，摧毁敌碉堡、暗堡、建筑物及内部的有生力量和兵器，杀伤、摧毁敌暴露的有生力量和技术兵器，击毁敌暴露的步兵战车、自行火炮、装甲运输车、轻型车辆、小型登陆舰艇等；在防御战斗中，击毁向步兵配置地域冲击或突入的轻型装甲目标，杀伤、摧毁敌暴露的有生力量和技术兵器，必要时，

---

① 1 in = 25.4 mm。
② 1 lb = 0.454 kg。

担负阵前出击或设伏等任务。

国外无坐力炮以瑞典的"古斯塔夫"为例,质量在一直下降,1946 年"古斯塔夫"M1 的质量为 21.3 kg,1964 年"古斯塔夫"M2 的质量为 14.2 kg,1991 年"古斯塔夫"M3 的质量为 10 kg,2014 年"古斯塔夫"M4 的质量仅为 7 kg。其作战使命和国内同款武器类似。"古斯塔夫"M4 提高了射程和精度,扩展了传统的作战功能,可以在防御中发挥重要作用。

美国的 PSRL – 1 和 GS – 777 提高了射击精度,可以用于反无人机作战。

1.3 无坐力武器设计

1.3.1 无坐力武器研制

无坐力武器系统设计,广义上是指用系统的观点、优化的方法,综合相关学科的成果,对无坐力炮总体有关因素的综合考虑,其中包括立项论证、战术技术要求论证、总体方案论证、功能分解、技术设计、生产、试验、管理等;狭义上是指用系统的观点、优化的方法,综合相关学科的成果,进行无坐力炮的设计,主要包括无坐力武器组成方案、总体布置、结构模式、人机工程、可靠性、安全性、检测、通用化、标准化、系列化等涉及无坐力炮总体性能方面的设计。

无坐力武器设计的依据和准则可以参考《常规武器装置研制程序》(国家计委、财政部、总参谋部、国防科工委〔1987〕办研字第 1211 号文)、《火炮设计总则》[1](WJ 2134—1993)和《火炮通用规范》[2](GJB 1159—1991)。武器设计要充分利用先进的技术和已有的成熟技术成果(90% 以上),新原理、新技术的选用只占很少的部分,一般不超过 10%。关键技术和理论的创新,是本书重点关注的内容。

对常规武器进行系统设计,需要从一开始就认真考虑武器装备全寿命周期的问题,实际上,是一个可靠性的问题。它在设计中起到很重要的作用。钱学森说过"产品的可靠性是设计出来的、生产出来的、管理出来的",所以武器设计人员要重视产品的可靠性。

我国在一些"企业标准设计和开发程序"文件的"设计方案"中明确写着"对复杂产品,技术部或项目组应根据产品可靠性、可行性和保障状态要求,运用优化设计,可靠性(reliability)、维修性(maintainability)和保障性(supportability)(简称 RMS)等专业工程技术,编制可靠保证大纲和产品设计规范,并对产品零部件进行特性分析,编写产品特性分析汇总表"。显然,RMS 在企业的产品设计和开发中已成为规定的工作。产品的寿命周期及寿命周期各阶段应进行的主要 RMS 工作如图 1-1 所示。

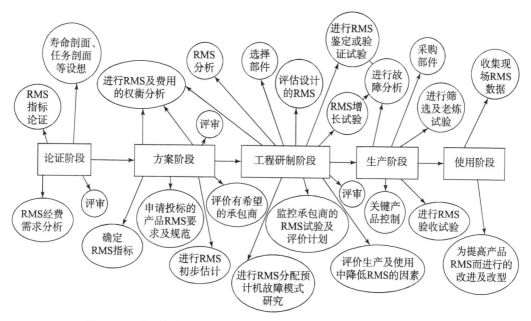

图 1-1　产品的寿命周期及寿命周期各阶段应进行的主要 RMS 工作

考虑到本书的局限性，仅提供论证阶段的设计工作要求。论证阶段的主要工作是进行战术技术指标、总体技术方案的论证及研制经费、保障条件、研制周期的预测，形成《武器系统研制总要求》。

《武器系统研制总要求》的主要内容如下：

①作战使命、任务及作战对象；

②主要战术技术指标及使用要求；

③初步的总体技术方案；

④研制周期要求及各研制阶段的计划安排；

⑤总经费预测及方案阶段经费预算。

《武器系统研制总要求》要求附《论证工作报告》。《论证工作报告》的主要内容如下：

①武器装备在未来作战中的地位、作用、使命、任务和作战对象分析；

②国内外同类武器装备的现状、发展趋势及对比分析；

③主要战术技术指标要求确定的原则和主要指标计算及实现的可能性；

④初步总体技术方案论证情况；

⑤继承技术和新技术采用比例，关键技术的成熟程度；

⑥研制周期及经费分析；

⑦初步的保障条件要求；

⑧装备编配设想及目标成本；

⑨任务组织实施的措施和建议。

无坐力炮系统设计报告，以系统指标论证为主线，对武器系统进行顶层设计、总体设计和分系统总体设计，完成作战使用、人机工效、身管寿命、射击精度、瞄具、弹道、安全性、可靠性、维修性、环境适应性等总体性能设计，包括零部件的设计。

无坐力武器设计的任务是依据战术技术指标，确定身管、炮膛、动平衡装置、喷管、击发机构等的技术方案、技术途径，提出各分系统研制任务，最有效地满足给定研制目标的要求。在总体设计过程中需要制定各种有关技术文件。这些技术文件基本上有三类：无坐力炮系统及各分系统的技术性能，以保证满足原批准的战术技术指标；武器系统成套图样和技术条件是生产的依据，作为生产试制单位，应遵守试验、使用、维护方面的规定，指导使用方正确维护和使用武器。

无坐力武器装备研制程序与以美国为代表的西方国家武器装备采办过程是不同的。美军将武器装备的采办过程划分为方案探索、论证与确认、全面研制、生产和使用五个阶段。

1.3.2　指标论证的一般内容

针对任务使命和技术要求，对关键技术指标进行设计和论证。首先把无坐力武器系统的各种输入要求加以汇总，再把它们同基本设计输出建立关系。对武器系统的基本输入要求是对特定目标和规定距离的毁伤概率。如图 1 - 2 所示，毁伤概率又对所设计武器的命中概率和有效毁伤面积提出一定的要求。当沿着武器系统进一步探索这些要求时，发现火炮的所有部件都是起作用的。这一相互作用的结果是满足给定的终点弹道要求的武器系统的质量。

1. 需要的炮口动能

（1）毁伤概率

单发毁伤概率定义为命中概率和单发命中的条件毁伤概率的乘积。从目标易毁伤面积的定义中，条件毁伤概率可以表示为有效毁伤面积和目标展现面积之比。从图 1 -2 看到，毁伤概率取决于目标的类型（有效毁伤面积）和为摧毁该目标而采用的火炮 - 弹药 - 火控的组合（命中概率）。其中和命中概率相关的弹丸外弹道受火控、弹 - 炮耦合初始扰动和弹丸气动力等因素的影响。

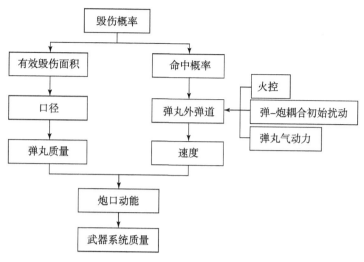

图 1-2　武器系统的要求

（2）命中概率

命中概率的定义是用给定发数的炮弹射击目标所发生的一次或多次命中目标的概率。对于一定的目标和武器系统，命中概率只取决于整个武器的弹着散布。弹着散布或射击误差的主要来源是测距、瞄准、初速变化、武器系统的跳动和倾斜、横风和火控装置。武器系统的设计、生产控制和对操作人员的训练，都力图使由武器系统和射手造成的偶然误差减至最低。在武器系统设计过程中，应把这些非偶然误差的影响减到最低程度，尽全力协调武器系统的人机工效。

提高首发命中概率的一个方法是提高弹丸初速。高的初速使测距和横风等误差减到最低，但是它是以增加炮管长度或提高膛压来达到的，这两种方法都会导致武器质量增加。完善的火控系统也能提高命中概率，但是也要付出增加武器质量这一代价。

（3）易损面积

目标的易损面积的定义是目标展现面积和命中该展现面积会产生毁伤的条件概率的乘积。对于一种特定型式的弹头，为获得较高的条件毁伤概率，要求有较大的口径以便能够装较多的炸药。因为弹丸口径决定着弹丸和武器的质量，所以增加口径则使武器的质量大大增加。

2. 武器系统的质量

武器系统的质量是无坐力炮的重要性能指标，对于使用给定弹种的武器系统而言，武器系统的质量主要取决于所要求的炮口动能。弹丸的动能可通过加长炮管以增加弹丸在膛内的行程或提高膛压来达到。近年来，高模碳纤维复合材料和缠绕技术的出现，为武器系统的质量设计提供了更大的选择空间。

3. 确定喷喉的截面积

为了使无坐力炮尽量减小后坐力，对于给定的喷管膨胀比，在设计时要求有一定的炮膛截面对喷喉截面之比。从弹道效率和喷管效率的角度来看，最好是采用大膨胀比的喷管，因为这样可以采取小的喷喉截面，这种喷管对未燃尽固体火药的损失起阻碍作用。另外，采取大膨胀比喷管的结果是用于平衡弹丸动量的火药较少。也就是说，用较少的火药气体膨胀到较高的喷管出口速度，可以获得用较多火药气体但膨胀到较低的喷管出口速度同样满足要求的动量平衡。因此，可以用大膨胀比喷管来节约大量火药。

然而，使用大膨胀比喷管是有代价的，这个代价就是使武器增加额外的质量。和小膨胀比喷管相比，大膨胀比喷管要求有较大的实际空间，而且膨胀比越大，喷管质量也成比例增加。实践给出，膨胀比为 1.79～3.5 的喷管在各种无坐力炮上采用较多。具体采用多大的喷管膨胀比，取决于武器上所用喷管的型式以及效率与质量之间的关系。例如，在中心喷管式武器中，有可能通过增加喷管的扩散角，来维持高的膨胀比和使其质量显著降低。由此可见，设计者必须根据质量和效率之间的关系决定出妥善的处理方案，使武器系统的效率增加到最大。在过去的无坐力炮的设计中，最广泛使用的喷管膨胀比为 2.0～2.5。研究表明，对于膨胀比大约为 2.0 的喷管，炮膛截面对喷喉截面的比应为 1.45，从而确定出喷喉截面。

4. 确定火炮和火药的要求

以上几段叙述的是如何选择弹丸质量和初速、炮膛和喷喉截面。在第 3 章中，某些附加变量未被确定之前，内弹道方程组是不容易解的。这些变量是最大药室压力、火药质量和火药弧厚。对这些变量进行一定的选择，然后才能确定药室容积和炮管长度。

最理想的炮管当然是又短又轻的。因为较轻的炮管与较低的最大压力相对应，而较短的炮管要求有较大的最大压力。所以，对最大压力和炮管容积之间的矛盾必须做出妥善的处理。为了解决最大压力和炮膛容积之间的矛盾，必须确定最大压力与炮膛容积之间的关系。然而，对于给定的最大压力，选择不同的装药质量和火药弧厚，对应有不同的炮膛容积，这样的一一对应有无穷多个。设计者的问题就是按给定的最大压力确定最小的炮膛容积。

如果用火药气体平均温度代替火药气体的瞬时温度，就可以对内弹道方程进行积分（具体见第 3 章）。对于给定的一组内弹道参数，可以用解内弹道方程的方法来确定压力 – 行程曲线和速度 – 行程曲线。

因为炮膛截面已经确定，所以在压力 – 行程曲线以下有一个满足要求的面积，这时火药气体加速弹丸，所做的功等于所要求的炮口动能。改变火炮参数和火药参数值，可以得到许多不同形状的压力 – 行程曲线，从这些曲线中都能得到所需要的炮口动能。因为这些曲线中任何一条曲线均对应不同的一组参数，所以对不同系统进行比较而加以评定是极为困难的。

　　因为武器质量主要取决于炮膛容积和最大压力，所以最好先选择最大压力，然后再确定可以得到最轻炮重的弹道参数。根据内弹道方程的解，可算出武器的质量。关于内弹道装药还有一些重要的参数需要特别关注，如装填密度，一般用硝化棉火药时为 $0.45 \sim 0.58 \ \mathrm{g/cm^3}$，用硝化甘油火药（78 式 82 mm 无坐力炮装配）时为 $0.30 \sim 0.42 \ \mathrm{g/cm^3}$。此外，设计时也要考虑装药的结构设计，因为无坐力炮的装药和点传火设计非常复杂。

5. 用试验武器验证计算

　　一旦确定了具体的火炮和火药参数，一般做法是制造一门实尺寸试验武器，以便验证这些从理论上确定的数值。试验武器是按照与所拟定的武器相同的弹道性能设计的，并配备一个结构很简单的炮尾。

　　试验武器的试验射击所用的弹丸为模拟弹，发射药采用简易装药，炮弹的点火用电点火头或电底火。最初的射击是为确定发射药的成分和所需装药量，以获得所要求的最大压力和初速。这时确定喷管喉部、入口和出口截面的精确值，以做到所规定的射击时无后坐。在装药结构、内弹道设计和总的性能满足要求之后，试验武器就可用于点火研究、弹道评定和精度射击。

1.3.3　本书的主要内容

　　无坐力武器研制包括研究、设计、生产和试验四方面的内容。设计包括总体设计、炮上各分系统设计、组成系统的各零部件设计。本书主要关注关键技术和理论所涉及的设计原理，以下为主要内容。

1. 新概念研究

　　根据具体的战术技术指标要求和固有技术经济实际情况，对无坐力武器进行总体构思，其中涉及无坐力武器领域的成熟技术或其他领域的成熟技术应用问题、新技术采用和国外先进技术引进问题、新材料和新元器件采用问题、发射装药类型、动力平衡装置，以及标准化、系列化和通用化等问题。

2. 外弹道设计

　　依据战术技术要求，通过优化，选择合理的外弹道，使弹丸达到最大射程和最佳射击密集度的有效组合。

3. 内弹道设计

依据战术技术要求，通过优化，选择合理的内弹道，使弹丸达到稳定的初速，高低常温弹道性能稳定，满足射击安全性要求等。

4. 无坐力武器关键参数设计

通过优化，确定无坐力武器主要几何参数（身管直径和长度）及质量参数等。

5. 无坐力武器的人体工程学设计

无坐力武器的人体工程学设计是指在尽可能获得最优的总体性能参数的同时，设计成符合人体工程学、方便士兵操作和使用的成品。

6. 可靠性设计

可靠性设计是根据用户下达的可靠性指标确定保证可靠性的技术措施，建立可靠性模型，进行可靠性分配、可靠性预计和可靠性评估、失效模式影响及致命性分析，拟定可靠性试验方案。

7. 无坐力武器总体性能综合评估

在完成无坐力武器总体设计工作之后，应对无坐力武器总体性能进行综合评估，检验无坐力武器总体设计是否满足战术技术指标要求，同时为后续设计阶段提供必要的配套技术数据。

8. 无坐力武器试验设计

无坐力武器试验设计的目的是以最小的经济消耗和最短的研制周期完成无坐力武器全部试验和评价工作。无坐力武器试验设计包括无坐力武器及其分系统试验方案设计、试验结果分析和评定方法研究等。

1.4 轻型无坐力武器的发展方向

这里的发展方向主要是指无坐力武器功能上的扩展。近年来，战争模式发生了重大变化，城市作战和反恐作战等成为主要的战争形式，因此需要高效、便携的武器装备来增加特种作战分队独立作战时的火力。现代特种作战中，尤其是在巷战中经常遭遇来自火力点或者掩体后方的攻击，对于来自这些目标的攻击，以往的武器难以满足现代特种作战的要求。

1. 智能化

该武器配备的智能瞄准系统的智能化主要体现在通过目标标定、自动击发和动态修正的功能来克服肩射过程中肩膀晃动的影响。在瞄具物镜中放置微型摄像设备，因此瞄准画面能够实现在智能眼镜等可穿戴设备上显示，从而改变了传统瞄准方式，射手可以在减少暴露的情况下进行瞄准射击。除此之外，该智能瞄准系统能够帮助武器系统实现更高的射击精度。射手通过目镜可以观察到非常清晰的画面，射手只需完成对目标的寻找和标记，并且扣下扳机，即射手只需向智能瞄准系统输入目标和击发时机。

2. 精度高、射程远

该武器装备的智能瞄准系统不仅有自动击发和动态修正的功能，还安装了多个传感器，实时收集周围环境中影响射击精度的环境因素，如温度、湿度、风速等十几个参数，在发射过程中计算出最佳弹道轨迹。此外，身管内刻有膛线，弹丸靠膛线赋予的自旋实现稳定，因此能够对 3 000 m 内的目标进行精准打击。

3. 轻量化

该新型智能无坐力武器的发射器运用新材料技术和结构优化技术，和过去的无后坐力武器相比，质量实现大幅减小。该新型发射器重 4 kg，配弹重 2 ~ 3 kg，战斗状态时重 6 ~ 7 kg，因此该武器系统发射过程中不需要三脚架，能够肩射并进行快速射击，很适合特种作战。

4. 交互方式自然和高效

发射器的各项结构都通过很好的人机工效设计，以便减小射击过程中射手的不适度。击发机构的扳机按照手枪的形状进行设计，方便使用。前握把能够根据射手的需要进行前后和左右的调整。增加了肩托结构，很大程度上减少了发射时武器后坐力对射手的冲击。且喷管开闩简单、智能瞄准系统能够快速启动、操作简单、按键快捷。

5. 多种战术平台使用

无坐力武器质量小、易携带、操作简单、反应迅速，可满足特种作战的要求，未来还能装备在战车、无人舰艇、无人机、战争机器人等海陆空多种战术平台中。

1.5　关于无坐力武器的名称解释

如何正确表述"无坐力武器"的定义，一直以来都是个问题。类似的武器通常是指便携式无坐力发射器系统，以前主要是指反坦克发射器。在设计时应尽量做到让士兵感觉不到该发射平台产生的后坐（或前冲）力，但由于药室燃烧和装配等偏差，都会产生一定范围的冲量跳动（后坐或前冲），因此不像常规枪那样，后坐力是固定值。从历史上看，"无坐力武器"并不是指武器没有后坐力，而是相对大口径反坦克枪来说，后坐力比较小，甚至前冲。

关于"无坐力武器"的一些名词解释如下。

①"无（后）坐力炮"中的"坐"是动词，指物体向后施加压力。行业内一般称为"无坐力炮"，但是在《火炮通用规范》（GJB 1159—1991）、《武器发射系统术语》[3]（GJB 744A—1998）中又称无后坐炮。

②英文的表述为"recoilless rifle"，通常翻译成"无坐力炮"，英文也用"recoilless gun"表示。这里的"rifle"指有膛线的单兵肩射长管枪械，并未对"枪"或者"炮"做严格区分。如瑞典的"卡尔·古斯塔夫"无坐力炮英文为"Carl Gustaf recoilless rifle"。

参考文献

［1］中国兵器工业总公司. 火炮设计总则：WJ 2134—1993［S］. 北京：中国兵器工业总公司，1993.

［2］国防科学技术工业委员会. 火炮通用规范：GJB 1159—1991［S］. 北京：总参谋部炮兵部，1991.

［3］国防科学技术工业委员会. 武器发射系统术语：GJB 744A—1998［S］. 北京：中国兵器工业总公司，1998.

第2章
无坐力炮系统设计

2.1 概　　述

本章具体介绍无坐力炮的设计内容。首先给出典型无坐力炮的结构及典型的发射原理，其次介绍武器系统的性能要求，最后给出典型武器的技术指标。

2.2 无坐力炮的结构

典型无坐力炮的结构如图2-1所示，包括炮身、红点瞄准镜、提把、信息处理组件、炮尾部件、闩体部件、退壳机构、护腮、肩托、击发保险机构、战术握把和皮卡等。各部件的详细结构不在这里赘述，读者可参考相关专著。

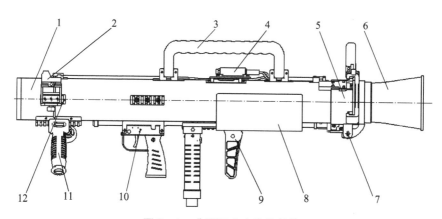

图2-1　典型无坐力炮的结构

1—炮身；2—红点瞄准镜；3—提把；4—信息处理组件；5—炮尾部件；6—闩体部件；
7—退壳机构；8—护腮；9—肩托；10—击发保险机构；11—战术握把；12—皮卡

图2-2所示是78式82 mm无坐力炮。78式82 mm无坐力炮的结构与65式相似，区别是点火压力和药室大小不同，78式82 mm无坐力炮是高压点火，药

室小，便于携带操作；炮闩位置不同，78 式 82 mm 无坐力炮采用横向开关闩，炮尾左侧设置两个凸起，与开闩杆上的缺口相配合进行闭锁，操作更加顺手，开闩时只需下压压杆并逆时针旋转手柄即可朝炮身右侧打开炮闩；对 78 式 82 mm 无坐力炮的击发机、炮架等机构进行改进后，加工工艺比 65 式好。PW78A 式与 78 式 82 mm 无坐力炮的区别在于前者的开闩手柄增加了一个开闩臂，减小了开闩力；PW78A 式还对脚架高低机、方向机调节手轮以及脚架调整机构进行了改进，降低了高低机、方向机转轮力；脚架由单独调整变为联动调整，使 PW78A 式更便于操作使用。

图 2 - 2　78 式 82 mm 无坐力炮

图 2 - 3 所示是便携式反坦克榴弹发射器 RPG - 7（40 mm 火箭筒）。

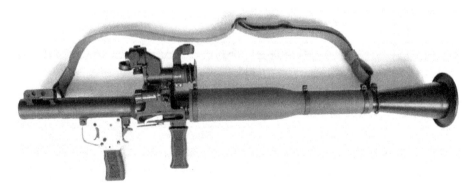

图 2 - 3　便携式反坦克榴弹发射器 RPG - 7（40 mm 火箭筒）

2.3　无坐力武器典型发射原理

无坐力武器发射原理一般分为四类。

1. 戴维斯平衡抛射原理

这种类型的无坐力炮通过在发射炮弹的同时向后喷射具有相同动能的物体来抵消后坐力。这个原理的发明者是美国海军中校雷蒙德·戴维斯。他设计了一种简单的装置：将两门火炮背对背连接，前面一门发射炮弹，后面一门装填铅油质的配重体。这样，当炮弹发射出去时，配重体向后飞出，两个后坐力相互抵消，实现了无后坐力炮的发明。这类武器包括 DZJ08 型 80 mm 单兵火箭筒（配重平衡体）和"铁拳 3"火箭筒（配重颗粒/液体）等。

2. 火箭类发射原理

这类工作原理是将发动机与战斗部结合形成整体，发射筒体本身只起到导向、定位和保护火箭弹的作用。单独的火箭弹需要导轨，若置于平地上也可以发射，只是精度差得多。"巴祖卡"火箭筒能单独将火箭弹拿出来当反坦克武器使用。

3. 无坐力炮发射原理

这是最常见的无坐力炮原理之一，可以认为是火箭发射原理和闭膛炮发射原理的结合。该原理是部分由火药燃烧产生的高压气体被喷管引导到炮管尾部，并通过喷射出去产生与弹丸运动方向相反的反冲作用，这种反冲作用可以抵消弹丸产生的后坐力，使得操作者更容易操控武器。如 M18 型 57 mm 无坐力炮、78 式 82 mm 无坐力炮、RPG – 7 火箭筒、GS – 777 火箭筒、PSRL – 1 火箭筒、"古斯塔夫" M3 和 M4 无坐力炮等都采用了这种原理。

4. 迫击炮发射原理

这种发射原理的典型代表是英国的步兵用反坦克发射器（projector infantry anti – tank，PIAT）。PIAT 基于杆式迫击炮的原理，弹簧是射弹的动力来源。目前采用这种发射原理的无坐力武器已经不常见。

2.4　武器系统性能要求和技术指标的确定

一般通过威力牵引和便携性牵引来设计无坐力炮。如武器的射速是多少？使用的是什么弹？射程是多少？精度是多少？毁伤威力是多少？从而确定弹丸的初速等信息。之后根据弹丸质量和初速等信息，确定最大膛压，对无坐力炮进行强度设计。这是技术指标来源的简单描述,下面给出具体的技术指标。

2.4.1 主要战术技术指标

1. 弹药技术指标

无坐力炮可以配备多种弹药,不同弹药的技术指标存在差异,下面主要以榴弹(杀爆弹)为例,介绍弹药技术指标。一般榴弹的技术指标包括威力指标、初速指标、射程指标、密集度指标、安全性指标、可靠性指标和效费比指标等。

(1)威力指标

威力指标是体现战斗部对目标毁伤能力的指标。榴弹威力主要用密集(或有效)杀伤半径来衡量。对于其他类型的弹药,表达其威力指标的参数不同。例如,破甲弹威力用破甲深度来衡量;云爆弹威力用云爆区域大小和超压值来衡量。78 式 82 mm 无坐力炮的威力指标决定了弹重和口径,也决定了火炮系统设计的射程。

(2)初速指标

为了实现射程技术指标,设计武器时会对初速进行要求。有时考虑到射程要求,采用火箭增程方式提高最终速度,例如,78 式 82 mm 无坐力炮初速为252 m/s,火箭增速达到 500 m/s,达到很好的初速 - 增速比匹配。

(3)射程指标

射程指标体现了无坐力武器系统的有效使用范围。射程指标包括最大射程、直射距离和有效射程。

无坐力炮的最大射程指在有效射击方式下的最大射程。例如,120 mm 火箭筒的最大射程是最大射角为 28°时对应的射程。

直射距离一般指弹道高度为 2 m 时的射程,这里的 2 m 是因为目标坦克的高度为 2 m。例如,78 式 82 mm 无坐力炮的直射距离为 500 m。

有效射程是对预定目标射击时,能达到预期的精度和威力要求时的距离。

从作战使用的角度确定最大射程指标,考虑的因素主要包括对付敌方目标的可能距离及分布范围、敌方防御武器系统的射程等。单兵武器的最大射程还要考虑发射安全性和最大射角的限制。单纯从攻击范围和自身安全性角度考虑,希望其最大射程越大越好。但提高最大射程也会带来其他问题,因为最大射程指标与全弹质量、战斗部质量、弹径、全弹长及生产成本等参数密切相关。在限制较小的情况下,如果增大最大射程,将会使初速和膛压增加,这将导致无坐力武器质量增加、机动性降低。另外,在确定最大射程指标时,应对使用要求、配属级别、机动性、威力、毁伤效率及技术上实现的可能性等多种因素加以综合考虑。

（4）密集度指标

密集度指标是指在相同的射击条件下，弹丸的弹着点相对于平均弹着点的密集程度。密集度指标的来源是针对 2 m×2 m 的坦克目标，50% 命中时的概率。例如，78 式 82 mm 无坐力炮的直射距离为 500 m，立靶密集度指标为 0.45 m × 0.45 m，指在 500 m 直射距离下，对 2 m×2 m 坦克进行射击，50% 的概率可以落在 0.45 m×0.45 m 的范围内。

2. 无坐力炮技术指标

依据任务要求，确定口径和发射器长度、发射方式，对发射器进行刚度和强度设计，并考虑到先进性，借鉴和参考当时国内外最新同类武器的相应指标，确定合理的相应发射器技术指标。

（1）口径

根据威力和发射方式要求，确定相应的口径。

（2）长度

为了提高人机工效和作战效能，同时要满足发射速度要求，无坐力炮的长度也是重要的指标之一。例如，瑞典的"古斯塔夫"M4 无坐力炮的全长为 965 mm。

（3）质量

质量是重要的技术指标之一，轻量化是重要的考虑因素，涉及先进的材料制造和刚度、强度设计理论。例如，瑞典的"古斯塔夫"M4 无坐力炮质量为 7 kg，身管采用新型钛合金制造外加碳纤维缠绕成型，闩体和喷管等金属件采用钛合金材料，握把、提把和肩托主要采用高性能非金属材料。

（4）发射安全性

发射安全性主要包括射手安全性和后喷区域的安全性。有时会对弹药提出可以在有限空间发射的技术要求，如在城市作战中，可在 3 m×3 m×2.5 m 的狭小空间内发射。

2.4.2　典型无坐力武器的技术指标

下面给出典型无坐力武器的技术指标。

1. "古斯塔夫"无坐力炮

"古斯塔夫"无坐力炮的技术指标如表 2 - 1 所示。目前常用的有两种发射器：m/48（M2）与 m/86（M3）。m/86 炮管由钢内衬、缠绕碳纤维层和环氧树脂层压体耐烧蚀层构成，有 24 条右旋膛线。武器操作方式相似，但纤维复合材料比钢管更易受外部冲击等影响。m/48 通常用于部队，而 m/86 仅用于某些特殊使用单位。

表 2 - 1　"古斯塔夫" 无坐力炮的技术指标

口径		84 mm	
发射器		m/48（M2）	m/86（M3）
质量		14.2 kg	10 kg
长度		1 130 mm	1 065 mm
弹药质量		3 kg	
实际射击距离	曳光穿甲榴弹	150 m（有侧向速度目标）	
		200 m（无侧向速度目标）	
	高爆榴弹	700 m	
	发烟榴弹	1 000 m	
初速		250～300 m/s（取决于榴弹类型）	
瞄准镜		m/48	m/86
放大		3×	3×
视场		12°	12°
瞄准镜长度		230 mm	250 mm
瞄准镜质量		0.9 kg	0.7 kg

2. 78 式 82 mm 无坐力炮

78 式 82 mm 无坐力炮和破甲弹战术技术指标如表 2 - 2 所示。

表 2 - 2　78 式 82 mm 无坐力炮和破甲弹战术技术指标

直射距离	500 m
初速	250 m/s
火箭最大飞行速度	460 m/s
500 m 立靶密集度	0.45 m × 0.45 m
破甲威力	制式弹 150 mm/65°； Ⅰ 型弹 150 mm/68°； Ⅱ 型弹 180 mm/68°
炮重	33 kg
炮架重	7.6 kg
身管重	25.5 kg
炮长	1 449 mm

3. 其他典型无坐力武器指标

表 2 - 3 给出了其他典型无坐力武器的指标对比。

表 2 - 3　其他典型无坐力武器的指标对比

国别	名称	口径（弹径）/mm	直射距离/有效射程/m	破甲厚度/mm	弹重/kg	初速/（m·s⁻¹）	武器全重/kg
苏联	B - 10 无坐力炮	82	390/500	240	3.6/7.3	320	87.6
美国	M20 无坐力炮	75	350/500	90	6.53	305	67
美国	M72A2 火箭筒	66	180/250	300	1.0	145	2.36
法国	"阿皮拉斯"火箭筒	112	330/600	720	4.3	295	9
瑞典	AT - 4 火箭筒	84	—/300	400	3	290	6

第3章

平衡内弹道设计

3.1 概　述

内弹道学是一门专注于研究弹丸在枪管内部运动过程中各种现象的学科。它涉及火药燃烧、气体动态变化、弹丸加速等多个方面。这个领域的起源可以追溯到 1740 年，当时 Robins 使用弹道摆进行弹丸的速度测量，标志着内弹道学的开端，至今已有 200 多年的发展历史。18 世纪末，法国的数学家和力学家约瑟夫·拉格朗日（Joseph – Louis Lagrange）用流体力学的观点研究膛内射击现象，并提出了弹后空间燃气质量均匀分布的拉格朗日假设，系统地研究了弹后空间压力分布和平均压力、膛底压力及弹底压力之间的关系。这些研究工作为经典内弹道学的发展奠定了基础。1864 年，法国科学家雷萨尔（Resal）应用热力学第一定律建立了内弹道能量方程。1868—1875 年，英国物理学家诺贝尔（Noble）和化学家阿贝尔（Abel）应用密闭爆发器的试验确定火药燃气状态方程。到 19 世纪末，皮奥伯特（Piobert）等人总结前人研究黑火药的成果及无烟火药的平行层燃烧现象，提出了几何燃烧定律的假设，从而建立起表示燃气生成规律的形状函数和以实验方法确定的燃速方程，奠定了内弹道学经典理论的基础。在武器设计的早期阶段，内弹道设计是至关重要的，它可以用来估算武器射击时弹丸的初速、最大膛压等参数，为后续的工程设计提供参考。

以喷管气动平衡原理的无坐力炮为例，击发是内弹道的开始。通常利用机械方式作用于底火，使点火药着火，产生火焰穿过底火盖引燃火药床中的点火药，使点火药燃烧产生高温、高压的燃气和灼热的固体微粒。通过对流和辐射方式，将靠近点火源的发射药先点燃。随后，点火源和发射药得到的混合燃气逐层地点燃整个发射药火药床。发射药的燃烧导致药室内的压力急剧增加。随后，喷管内的堵片打开和弹丸的启动先后发生。喷管的启动是瞬时的，而弹丸的启动是一个动态的、非瞬时的过程。当弹带全部挤入膛线后，阻力突然下降。弹丸沿火炮轴线方向做直线运动外，还沿着身管做旋转运动，同时正在燃烧的发射药和燃气以燃烧中性面为中心向尾部喷管以及弹丸底部运动。

为了使无坐力炮在发射结束时保持平衡，有必要考虑导致不平衡的各种力的时间差异。无坐力炮发射时从喷管流出的气体压力不等于弹丸启动时的压力。为了定性地研究不平衡力，各种测试装置[1]以及算法[2]相继提出，定性地展示了无坐力炮在设计过程中不平衡力的变化。

总的来说，无坐力炮的内弹道设计是一个复杂而关键的工程，需要综合考虑多个因素，包括材料科学、力学、流体动力学等多个学科的知识。通过理论分析、数值模拟和实验验证相结合的方法，可以不断优化和改进无坐力炮的设计，提高其性能和可靠性。3.2 节介绍无坐力炮的经典内弹道理论；3.3 节和 3.4 节介绍不平衡冲量和扭转特性；3.5 节给出计算实例和相关讨论；3.6 节给出一维平衡内弹道计算方法；3.7 节给出无坐力炮点传火系统设计；3.8 节给出无坐力炮平衡内弹道优化设计方法。

3.2 无坐力炮的经典内弹道理论

3.2.1 无坐力炮内弹道特点[3]

无坐力炮简化模型如图 3-1 所示，与一般火炮相比，无坐力炮在射击过程中有大量火药气体从喷管中流出[3-7]，这是它最基本的特点。

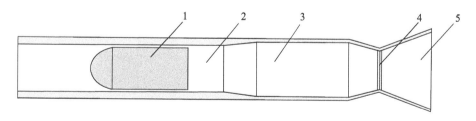

图 3-1 无坐力炮简化模型

1—弹丸；2—身管；3—药室；4—挡板；5—喷管

气体流出影响内弹道性能的流动参数分别为流量 $\dot{m}$（从喷管流出的瞬时气体质量）、总流量 y（从起始时刻到某一时刻的总流出气体质量）和推力 F（气体流出产生的推力），因此在一维等熵条件下，它们分别表示为

$$\dot{m} = \varphi_2 A_1 S_j \frac{p}{\sqrt{\tau}} \qquad (3-1)$$

$$y = \int_0^t \dot{m}\mathrm{d}t = \varphi_2 A_1 S_j \int_0^t \frac{p\mathrm{d}t}{\sqrt{\tau}} \qquad (3-2)$$

$$F = C_F S_j p \qquad (3-3)$$

式中，φ_2 为流量修正系数；$A_1 = \dfrac{K_0}{\sqrt{f}}$，$K_0 = \left(\dfrac{2}{k+1}\right)^{\frac{k+1}{2(k-1)}}\sqrt{k}$，$f$ 为火药力；S_j 为喷管喉部面积；p 为药室中的平均压力；τ 为相对温度，$\tau = \dfrac{T}{T_0}$，T 为药室中的平均温度，T_0 为滞止温度；C_F 为推力系数，是绝热指数 k 和面积比 S_A/S_j 的函数，其中 S_A 为喷管出口面积。若 k 分别取 1.20 和 1.30，则推力系数随面积比 S_A/S_j 的变化如表 3-1 所示。

表 3-1　推力系数 C_F 随面积比 S_A/S_j 的变化

k	S_A/S_j						
	1.0	1.4	1.8	2.0	3.0	4.0	10.0
1.20	1.242	1.369	1.439	1.466	1.554	1.607	1.742
1.30	1.285	1.374	1.438	1.461	1.537	1.582	1.689

从表 3-1 中看出，C_F 随着 S_A/S_j 的增加而增加，但只是在 S_A/S_j 较小的情况下，C_F 才增加较快，以后增加缓慢。因此在设计喷管时，为了不过多地增加喷管的质量，一般取 S_A/S_j 略大于 4，或者取其直径比 d_A/d_j 为 $2.0\sim2.3$。

若计算火药燃烧过程中气体流量，并假定火药燃速为正比燃烧定律，即

$$\frac{\mathrm{d}Z}{\mathrm{d}t} = \frac{p}{I_k} \qquad (3-4)$$

式中，I_k 为压力全冲量。于是式（3-2）可以表示为

$$y = \varphi_2 A_1 S_j I_k \int_0^z \frac{\mathrm{d}Z}{\sqrt{\tau}} \qquad (3-5)$$

以装药量 ω 表示的相对流量 η 为

$$\eta = \frac{y}{\omega} = \frac{\varphi_2 A_1 S_j I_k}{\omega} \int_0^z \frac{\mathrm{d}Z}{\sqrt{\tau}} = \bar{\eta}_k \int_0^z \frac{\mathrm{d}Z}{\sqrt{\tau}} \qquad (3-6)$$

式中，$\bar{\eta}_k = \varphi_2 A_1 S_j I_k/\omega$，$\bar{\eta}_k$ 称为无坐力炮气体流出参量，是标志无坐力炮内弹道性能的一个重要参量。它的物理意义是在 $\tau=1$ 的情况下火药燃烧结束瞬间的相对气体流出量，一般情况下，这个量为 $0.6\sim0.7$。

由于有气体流出，因此无坐力炮的膛压和初速比较低。与相同性能的一般火炮相比，无坐力炮的装药量和药室容积相对较大，但装填密度比较小，一般

为 300 kg·m^{-3}。此外，因为无坐力炮的膛压不高，因此为了保证火药在炮膛内尽可能多地燃烧，一般使用药厚较薄的速燃火药。

无坐力炮的弹道特征量同一般火炮相比，也有显著的差别。若 $E_g = mv_g^2/2$ 表示炮口动能，则两种火炮类型的弹道特征量如表 3-2 所示。无坐力炮的 C_s、η_w 和 γ_g 比一般火炮的要小得多，但 η_k 则比一般火炮略大。

表 3-2　无坐力炮和一般火炮的弹道特征量

序号	弹道特征量	无坐力炮	一般火炮
1	威力系数 $C_s = E_g d^{-3}/(\text{kJ·dm}^{-3})$	120 ~ 1 800	900 ~ 16 000
2	装药利用系数 $\eta_w = E_g \omega^{-1}/(\text{kJ·kg}^{-1})$	160 ~ 500	800 ~ 1 600
3	弹道效率 $\gamma_g = E_g(f\omega\theta^{-1})^{-1}$	0.04 ~ 0.13	0.20 ~ 0.35
4	示压效率 $\eta_k = \varphi E_g(Sl_g p_m)^{-1}$	0.50 ~ 0.75	0.40 ~ 0.65

无坐力炮的射击起始条件与一般火炮也存在差别。无坐力炮射击开始时，存在弹丸开始运动时的挤进压力 p_0 和喷口打开时的打开喷口压力 p_{0m}。如果这两种压力的大小不相等，则将影响弹丸运动和喷口打开的时间，从而影响膛内的压力变化规律和炮身的运动情况，可能存在如下三种情况。

① $p_0 > p_{0m}$，即喷口打开之后，弹丸才开始运动。在 p_{0m} 增加到 p_0 的过程中，气体流出所产生的推力使炮身前冲。

② $p_{0m} > p_0$，即弹丸运动之后，喷口才开始打开。在 p_0 上升到 p_{0m} 的过程中，弹丸的运动使炮身产生后坐力。

③ $p_{0m} = p_0$，在这种情况下，弹丸运动与喷口打开同时开始，使炮身保持静止状态，这是无后坐力的理想情况。

以上分析表明，无论是 p_0 和 p_{0m} 本身的变化，还是它们之间差值的变化，都会影响无坐力炮内弹道性能和炮身运动的情况，给无坐力炮内弹道问题带来一些复杂的影响因素。

3.2.2　经典内弹道基本方程

1. 基本假设

经典内弹道模型采用的基本假设主要有以下几点。

①火药燃烧服从几何燃烧定律，即整个发射药同时点火，并按平行层或同心层逐步燃烧。

②火药的燃烧是在弹后空间中的平均压力下进行的。燃烧速度与压力成正

比，或由密闭爆发器实验得到的质量燃速直接代入计算。

③弹后空间火药和火药气体的质量是均匀分布的。

④火药气体服从仅有余容修正项的范德瓦耳斯状态方程，火药气体的热力学量（如火药力 f、余容 α、比热比 γ 等）在射击过程中被认为是常量，即认为它们与火药气体的状态（T、p、ρ）没有关系。

⑤弹丸挤进身管所消耗的功不单独考虑，挤进过程被认为是瞬时完成的。达到挤进压力 p_0 前，弹丸在原处不运动，火药处在定容下燃烧，即不考虑初期内弹道的全部过程。

⑥火药及火药气体运动、火炮后坐力、弹丸旋转力和摩擦阻力等因素的影响，不作细致地个别计算，而由一个总的虚拟质量系数 ϕ 来描述。习惯上把这些因素当作次要的。这些次要因素对能量方程和弹丸运动方程折算的虚拟系数不一样，且一般是变量，但人们假定它们相等且为常量。

⑦管壁的热散失不直接计算，一般通过减小火药力或增大比热比 γ 的办法来进行修正。

⑧内弹道在整个过程中没有未燃烧的火药随火药燃气从喷管喷出。该假设是不合实际的，只是为了方便计算。

2. 火药的燃烧规律与燃烧方程

首先介绍点火药和发射药的一些基本知识。点火药可以产生供发射药点火所需要的炽热气体，通常选择产气量大的点火药，如黑火药、硼/硝酸钾，后者热值较高。采用两种属性火药的混合物，即黑火药和硼/硝酸钾的混合药，可以让其具有热值高和产气量大的特点。

发射药根据其化学成分可分为单基药和双基药等。发射药根据形状可分为带状药（面条药）、粒状药、管状药等。其中带状药因其药床移动较小和利用效率高，相比其他形状发射药更为常用。

内弹道过程中的火药燃烧规律是膛内压力变化规律的决定性因素，因此也是内弹道研究的首要问题。详细地研究火药燃烧过程的发生和发展，属于燃烧理论的研究范畴，内弹道学所研究的不是这种微观的燃烧机理，而是燃烧过程中宏观燃气生成量的变化规律。

根据火药燃烧过程的特点分析可以看出，燃烧过程中火药燃气生成量的变化规律可以分解为燃气生成量随药粒厚度的变化规律和沿药粒厚度燃烧快慢的变化规律。前者仅与药粒的形状、尺寸有关，称为燃气生成规律，表达此规律的函数称为燃气生成函数或形状函数；后者称为燃烧速度定律，相应的函数称为燃烧速度函数。这两者综合后体现了燃气生成量随时间的变化规律，通常以燃气生成速率的形式表示。本节主要讨论形状函数、燃烧速度函数以及燃气生成速率的关系式。

（1）几何燃烧定律及其应用条件

火药在密闭爆发器或火炮膛内点燃后，其如何燃烧是首先要研究的问题。在大量的射击实践中，人们发现，从火炮膛内抛出来的未燃完的残存药粒，除了药粒的绝对尺寸发生变化以外，它的形状仍和原来的形状相似（见图 3 - 2）。另外，在密闭爆发器的实验中，也发现这样的事实，当性质相同的两种火药的装填密度相同时，如果它们的燃烧层厚度分别为 $2e_1$ 和 $2e_1'$，所测得的燃烧结束时间分别为 t_k 和 t_k'，则它们近似地有如下关系：

$$\frac{2e_1}{2e_1'} = \frac{t_k}{t_k'} \tag{3-7}$$

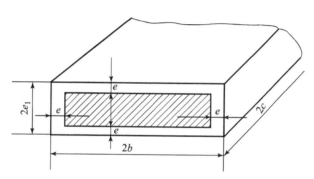

图 3 - 2　未燃和部分燃烧的带状药端面

根据以上事实，火药的燃烧过程可认为是按药粒表面平行层逐层燃烧的。这种燃烧规律称为皮奥伯特定律或几何燃烧定律。几何燃烧定律是理想化的燃烧模型，是建立在下面三个假设基础上的：

①装药的所有药粒具有均一的理化性质以及完全相同的几何形状和尺寸；

②所有药粒表面都同时着火；

③所有药粒具有相同的燃烧环境，因此燃烧面各个方向上燃烧速度相同。

在上述假设的理想条件下，所有药粒都按平行层燃烧，并始终保持相同的几何形状和尺寸。因此只要研究一个药粒的燃气生成规律，就可以表达出全部药粒的燃气生成规律。而一个药粒的燃气生成规律，在上述假设下，将完全由其几何形状和尺寸确定。这就是几何燃烧定律的实质和称为几何燃烧定律的原因。

正是由于几何燃烧定律的建立，经典内弹道理论才因此形成了完备和系统的体系，而且因为发现了药粒几何形状对于控制火药燃气生成规律的重要作用，进而发明了一系列燃烧渐增性良好的新型药粒几何形状，对指导装药设计和内弹道理论的发展及应用起到了重要的促进作用。

虽然几何燃烧定律只是对火药真实燃烧规律的初步近似，并给出了实际燃烧过程的理想化的简化，但是因为在火药的实际制造过程中，已经充分注意及力求将其形状和尺寸的不一致性减小到最低程度，在点火方面也采用了多种设计，尽量使装药的全部药粒实现其点火的同时性，这些假设与实际的情况相比也不是相差太远，所以可以说几何燃烧定律确实抓住了影响燃烧过程的最主要和最本质的影响因素。当被忽略的次要因素在实际过程中确实没有起主导作用时，几何燃烧定律就能较好地描述火药的燃气生成规律，这也是1880年法国学者维也里提出几何燃烧定律以来，在内弹道学领域一直被广泛应用的缘故。

当然，在应用几何燃烧定律来描述火药的燃烧过程时，必须记住它只是实际过程的理想化和近似，不能解释实际燃烧的全部现象，它与实际的燃气生成规律还有一定的偏差，有时这个偏差还相当大，因此历史上，在几何燃烧定律提出的同时及以后很长时间，人们曾提出一系列的所谓火药实际燃烧规律或物理燃烧定律，这表明火药燃烧规律的探索和研究一直是内弹道学研究发展的中心问题之一。

（2）气体生成速率

膛内的压力 p 与 ψ（已燃百分比）有关，因此，膛内压力随时间的变化率 $\mathrm{d}p/\mathrm{d}t$ 也必然与 ψ 随时间的变化率 $\mathrm{d}\psi/\mathrm{d}t$ 有关。$\mathrm{d}\psi/\mathrm{d}t$ 代表单位时间内的气体生成量，称为气体生成速率。为了掌握膛内的压力变化规律，必须了解气体生成速率的变化规律，从而达到控制射击现象的目的。下面就在几何燃烧定律的基础上来研究气体生成速率。

设 V 是单位药粒的已燃体积，V_1 是单位药粒的原体积，n 是装药中单体药粒的数目，ρ_p 是火药密度。根据几何燃烧定律，可得

$$\psi = \frac{\omega_{\mathrm{YR}}}{\omega} = \frac{n\rho_\mathrm{p}V}{n\rho_\mathrm{p}V_1} = \frac{V}{V_1} \qquad (3-8)$$

将式（3-8）对时间 t 微分，即得

$$\frac{\mathrm{d}\psi}{\mathrm{d}t} = \frac{1}{V_1} \cdot \frac{\mathrm{d}V}{\mathrm{d}t} \qquad (3-9)$$

为了导出 $\mathrm{d}V/\mathrm{d}t$，设单体药粒的起始表面积为 S_1，起始厚度为 $2e_1$，在火药同时点燃经过时间 t 以后，火药烧掉的体积为 V，正在燃烧着的表面积为 S，如图3-3所示。又经过 $\mathrm{d}t$ 瞬间后，药粒又按平行层燃烧的规律燃去的厚度为 $\mathrm{d}e$，与此相对应的体积 $\mathrm{d}V$ 为

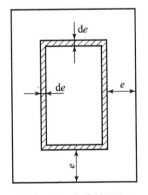

图3-3 火药按几何燃烧定律燃烧的图解

$$\mathrm{d}V = S\mathrm{d}e \qquad (3-10)$$

则火药单体药粒体积的变化率为

$$\frac{\mathrm{d}V}{\mathrm{d}t} = S\frac{\mathrm{d}e}{\mathrm{d}t} \tag{3-11}$$

以符号 $\dot{r}$ 代表 $\mathrm{d}e/\mathrm{d}t$，称为火药燃烧的线速度，即单位时间内沿垂直药粒表面方向燃烧掉的药粒厚度。由于 ψ 是一个相对量，对其他表示火药形状和尺寸的量，也用相对量表示，以 $Z = e/e_1$ 代表相对厚度，以 $\sigma = S/S_1$ 代表相对燃烧表面积，将这些量代入 $\mathrm{d}\psi/\mathrm{d}t$ 表达式中，则

$$\frac{\mathrm{d}\psi}{\mathrm{d}t} = \frac{1}{V_1}\cdot\frac{\mathrm{d}V}{\mathrm{d}t} = \frac{S_1 e_1}{V_1}\sigma\frac{\mathrm{d}Z}{\mathrm{d}t} \tag{3-12}$$

令 $\chi = S_1 e_1/V_1$，则 χ 为取决于火药形状和尺寸的常量，故称 χ 为火药形状特征量。将 χ 代入式（3-12）得

$$\frac{\mathrm{d}\psi}{\mathrm{d}t} = \chi\sigma\frac{\mathrm{d}Z}{\mathrm{d}t} \tag{3-13}$$

由此可知，对一定形状、尺寸的火药来说，气体生成速率的变化规律仅取决于火药的燃烧面和火药燃烧速度的变化规律。因此，可以通过燃烧面和燃烧速度的变化来控制气体生成速率，从而达到控制膛内压力变化规律和弹丸速度变化规律的目的。所以，下面将分别研究 σ、ψ 与 $\mathrm{d}Z/\mathrm{d}t$ 的变化规律。

（3）形状函数

现以带状药为例，根据几何燃烧定律导出其形状函数。设 $2c$、$2b$ 及 $2e_1$ 分别为带状药的起始长度、宽度及厚度，与其相应的起始体积与表面积分别为 V_1 和 S_1。按照同时着火假设和平行层燃烧的规律，当燃去厚度为 e 时，全部表面都向内推进了 e，如图 3-2 所示。根据几何学的知识容易计算出燃去的体积 V 和药粒在燃去厚度 e 后的表面积 S，显然 V、S 都是 e 的函数。

假设所有药粒的形状、尺寸都一致，因此就一个药粒所导出的 σ 及 ψ 即代表了全部装药的相对燃烧表面和相对已燃部分。

对带状药有

$$\psi = \frac{V}{V_1} = 1 - \frac{(2b-2e)(2c-2e)(2e_1-2e)}{2b\cdot 2c\cdot 2e_1}$$

$$\sigma = \frac{S}{S_1} = \frac{2[4(b-e)(e_1-e)+4(c-e)(e_1-e)+4(b-e)(c-e)]}{2(4be_1+4ce_1+4bc)}$$

令
$$\alpha = e_1/b,\ \beta = e_1/c$$
则可得出

$$\psi = \chi Z(1+\lambda Z+\mu Z^2) \tag{3-14}$$

$$\sigma = 1 + 2\lambda Z + 3\mu Z^2 \tag{3-15}$$

式中，$\chi = 1 + \alpha + \beta$；$\lambda = -\dfrac{\alpha + \beta + \alpha\beta}{1 + \alpha + \beta}$；$\mu = \dfrac{\alpha\beta}{1 + \alpha + \beta}$。

χ、λ、μ 仅与火药的形状和尺寸有关，因此称为火药的形状特征量。

式（3-14）及式（3-15）为形状函数的两种不同表现形式，前者直接表示了燃气生成量随厚度的变化规律，后者则表示燃烧面随厚度的变化规律，它们之间有一定的内在联系。由式（3-14）可得出

$$\frac{\mathrm{d}\psi}{\mathrm{d}Z} = \chi\sigma \tag{3-16}$$

上面仅以带状药为例进行推导，但实际上其结果适用于几乎所有简单形状火药。例如，管状药可以看作是用带状药卷起来的一种火药，因为宽度方向封闭了，在其燃烧过程中宽度不再减小，所以可以看作宽度为无穷大的带状药。

为了表明火药的形状和尺寸的变化对各形状特征量的影响，以及对相应的 ψ 和 $\sigma(Z)$ 曲线形状的影响，现以管状、带状、方片状、方棍状和立方体这五种简单形状组成一个系列进行比较，如表3-3所示。

表3-3　简单形状火药的形状特征量比较

序号	火药形状	火药尺寸	比值	χ	λ	μ
1	管状	$2b = \infty$	$\alpha = 0$	$1 + \beta$	$-\dfrac{\beta}{1+\beta}$	0
2	带状	$2e_1 < 2b < 2c$	$1 > \alpha > \beta$	$1 + \alpha + \beta$	$-\dfrac{\alpha + \beta + \alpha\beta}{1 + \alpha + \beta}$	$\dfrac{\alpha\beta}{1 + \alpha + \beta}$
3	方片状	$2e_1 < 2b = 2c$	$1 > \alpha = \beta$	$1 + 2\beta$	$-\dfrac{2\beta + \beta^2}{1 + 2\beta}$	$\dfrac{\beta^2}{1 + 2\beta}$
4	方棍状	$2e_1 = 2b < 2c$	$1 = \alpha > \beta$	$2 + \beta$	$-\dfrac{1 + 2\beta}{2 + \beta}$	$\dfrac{\beta}{2 + \beta}$
5	立方体	$2e_1 = 2b = 2c$	$1 = \alpha = \beta$	3	-1	$1/3$

注：对于其他形状火药的形状特征量可参考《枪炮内弹道学》等文献。

（4）燃速方程

内弹道学中的燃速方程是根据试验获得的。它是在几何燃烧定律基础上，依据火药在密闭爆发器中燃烧测出的 $p-t$ 曲线经过数据处理而得到的。在火药的理化性能和燃烧前的初始温度一定时，火药的燃烧速度仅是压力的函数，可表示为

$$\dot{r} = \frac{\mathrm{d}e}{\mathrm{d}t} = f(p) \tag{3-17}$$

在正常实验条件下，实测的燃速与压力的关系如图 3-4 所示。

在选择适当的函数形式表示该变化规律时，低压时的实验数据有明显的散布，因此对于压力较高的实验点，采用两种函数形式都有较好的拟合性能。一种是二项式，即

$$\dot{r} = u_0 + u_1 p$$

另一种则是指数函数式，即

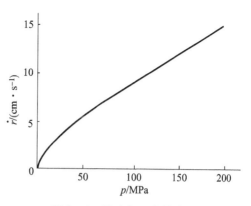

图 3-4　燃速与压力的关系

$$\dot{r} = u_1 p^n$$

式中，u_0、u_1 等由实验确定的常数称为燃速常数；指数函数式中的 n 则称为燃速指数。它们都是与火药性质和药温有关的常量。虽然这两种不同形式的燃速表达式来源于相同的实验数据，准确程度也相当，但用于内弹道计算时，指数函数式要方便一些，因而经典内弹道中应用更广泛的是指数函数式。此外，在普遍应用电子计算机来解内弹道问题以前，为获得内弹道数学模型的分析解，根据在一定压力范围内 n 接近于 1 的事实，经典内弹道也曾广泛采用正比式。在二项式中取 $u_0 = 0$，或在指数函数式中取 $n = 1$ 的特殊情况为

$$\dot{r} = u_1 p$$

燃速指数 n 对同一种火药和初温来说，随着压力的增加，在一定的范围内有增大的趋势。实验表明，在 30 ~ 40 MPa 的压力范围内，n 为 0.65 ~ 0.70；而在 150 ~ 300 MPa 的压力范围内，n 相应地增加到 0.85 ~ 1.0。对于现有的单基药和双基药而言，实测的 n 值一般都不超过 1。

3. 弹丸运动方程

弹丸在膛内运动过程中受到多种作用力，归纳起来，主要有以下几种。

（1）弹底燃气压力

该作用力是弹丸受到的最主要作用力，是推动弹丸向前运动的动力。正是在这个动力推动下，弹丸才在膛内不断加速。

（2）弹丸挤进阻力

当弹丸装填到位后，弹带前的锥形斜面与药室前的坡膛密切接触而定位，药室处于密闭状态。为了保证密封膛内的火药燃气并强制弹丸沿膛线旋转运动，弹带的直径通常比阴线直径大约 0.5 mm，使弹带挤进有一定的强制量。当膛内的燃气压力增加到足以克服这种强制量时，弹丸即开始运动。与之相应的压力则称为启动压力，它与弹带结构、尺寸及其公差有关，且有随机散布特点，一般为

$10 \sim 20$ MPa。

当弹带挤进膛线后，随着膛内压力的增长，迫使弹丸向前加速运动，使弹带产生塑性变形而挤进膛线，变形阻力随弹带挤进膛线的深度加深而增加，因此，弹带挤进阻力将迅速增加，在弹带全部挤进膛线瞬间达到最大值。与之相应的弹后火药燃气的平均压力称为挤进压力。此后弹带已被刻成与膛线相吻合的沟槽，阻力迅速下降至沿膛线运动的摩擦阻力值。

（3）膛线导转侧作用在弹带上的力

弹丸挤进膛线后，在弹底燃气压力的作用下，弹丸一方面沿炮膛轴线（axis of the bore）做直线运动，另一方面沿膛线做旋转运动。弹丸在旋转运动过程中，膛线导转侧与弹带都受到作用力，同时膛线导转侧与弹带凹槽之间还有摩擦力。正是在这两个力的作用下，弹丸才做旋转运动。

（4）弹前空气阻力

弹丸在膛内加速运动过程中，弹前空气柱受到弹丸的连续压缩，产生一系列的压缩波，而且后一个压缩波的传播速度总是比前一个大，于是压缩波很快收敛而形成冲击波。最先形成的冲击波较弱，后来由于压缩波的不断叠加，冲击强度也逐渐加强。冲击波的存在使波后气体的压力增大，这样会对弹丸运动产生阻碍作用。对于高初速的火炮，在弹丸运动方程中必须考虑冲击波阻力的影响。

当考虑上述作用力时，弹丸在膛内的运动方程为

$$m \frac{\mathrm{d}v}{\mathrm{d}t} = S p_d - S(F_{挤进} + F_{摩擦} + F_{空气}) \tag{3-18}$$

式中，p_d、$F_{挤进}$、$F_{摩擦}$ 和 $F_{空气}$ 分别表示弹底燃气压力、挤进压力、弹丸在膛内运动的摩擦力和弹前空气阻力；S 为身管断面积；m 为弹丸的质量；v 为弹丸当前速度。

4. 流量和相对流量

无坐力炮在设计过程中有气体流出，因此在内弹道方程中需要增加流量方程。在一维等熵的条件下，由式（3-1），代入弹丸极限速度，即

$$v_j = \sqrt{\frac{2f\omega}{\theta\varphi m}} \tag{3-19}$$

式中，$\theta = k - 1$。式（3-1）可以改写为

$$\dot{m} = C_A v_j S_j \frac{p}{f\sqrt{\tau}} \tag{3-20}$$

$$C_A = \varphi_2 \sqrt{\frac{\theta\varphi m}{2\omega}} K_0 \tag{3-21}$$

根据式（3-2），相对流量为

$$\eta = \frac{\gamma}{\omega} = \frac{C_A v_j S_j}{f\omega} \int_0^t \frac{p \mathrm{d}t}{\sqrt{\tau}}$$

或

$$\frac{\mathrm{d}\eta}{\mathrm{d}t} = \frac{C_A v_j S_j}{f\omega} \cdot \frac{p}{\sqrt{\tau}}$$

应当说明的是，无坐力炮由于喷管的存在，导致大量未燃烧的发射药随着火药燃气从喷管流出，为了保证弹丸在炮口具有足够的动能，其装药量大且膛压低。经典无坐力炮内弹道的流量方程为了描述气体的流出，假设该流量以及相对流量方程是建立在没有未燃烧的发射药随喷管流出的情况下。

5. 气体状态方程

对于真实气体，通常采用范德瓦耳斯状态方程

$$\left(p + \frac{a}{v^2}\right)(v - \alpha) = RT \tag{3-22}$$

式中，v 表示气体的比容，即单位质量气体所占的体积；a 为与气体分子间吸引力有关的常数；α 表示与单位质量气体分子体积有关的修正，在内弹道学中称为余容；R 为与气体组分有关的气体常数。

对于火炮膛内高温、高压燃气，分子间的吸引力相对燃气压力很小，式中 a/v^2 项可以忽略不计。因此，高温、高压的火药气体状态方程可写成

$$p(v - \alpha) = RT \tag{3-23}$$

在射击过程中，弹丸向前运动，弹后空间不断增加，因此膛内压力是弹后空间容积的函数。设火炮的炮膛横断面面积为 S，在药室容积 V_0 中装有质量为 ω 的火药；假定当火药燃烧到 ψ 时，具有质量为 m 的弹丸向前运动的距离为 l，弹后空间增加了体积 Sl。由于有气体流出，在某瞬间 t，留在膛内的气体量为 $\psi - \eta$。

这时弹后的自由容积为

$$V_\psi + Sl = V_0 - \frac{\omega}{\rho_p}(1 - \psi) - \alpha\omega(\psi - \eta) + Sl \tag{3-24}$$

同时，火药气体膨胀做功，温度不断下降。因此在定容情况下，火药气体温度 T 是常量；而在变容情况下，温度 T 应该是变量。因此，针对无坐力炮的变容情况下的火药气体状态方程应该是

$$p(V + V_\psi) = RT\omega(\psi - \eta) \tag{3-25}$$

式中，$V = Sl$。而 V_ψ 则表示为

$$V_\psi = V_0 - \frac{\omega}{\rho_p}(1 - \psi) - \alpha\omega(\psi - \eta) \tag{3-26}$$

将 $V_0 = Sl_0$ 和 $\Delta = \omega/V_0$ 代入式（3 – 26），则有

$$V_\psi = Sl_0\Big[1 - \frac{\Delta}{\rho_p}(1 - \psi) - \alpha\Delta(\psi - \eta)\Big] = Sl_\psi \qquad (3 - 27)$$

式中，$l_\psi = l_0\Big[1 - \dfrac{\Delta}{\rho_p}(1 - \psi) - \alpha\Delta(\psi - \eta)\Big]$。

则状态方程为如下形式：

$$Sp(l + l_\psi) = RT\omega(\psi - \eta) = f\tau\omega(\psi - \eta) \qquad (3 - 28)$$

6. 能量平衡方程

在内弹道过程中，火药燃烧不断产生高温燃气，在一定空间中燃气量的增加必然导致压力的升高，在压力作用下推动弹丸加速运动，弹后空间不断增加，高温燃气膨胀做功，燃气的部分内能也相应地转化为弹丸的动能以及其他形式的次要能量。同样火药燃气从喷管流出，导致膛内质量以及压力的降低。因此内弹道过程本质上是一种变质量、变容积的能量转换过程，表达这种能量转换的关系式就称为内弹道能量平衡方程。

以开放系统中的热力学第一定律为基础，结合无坐力炮内弹道过程的具体特点，推导内弹道能量平衡方程。

在热力学中，将系统与环境之间既有能量交换又有物质交换的这种系统称为开放系统。位于平衡态的热力学开放系统，其热力学第一定律可描述为

$$- dE = (e_{out}dm_{out} - e_{in}dm_{in}) + \delta Q + \delta W$$

式中，dm_{out}、dm_{in} 表示流出以及流入系统所带走的质量；e_{out}、e_{in} 表示流出以及流入系统所带走的单位质量内能；$e_{out}dm_{out} - e_{in}dm_{in}$ 表示系统与环境因质量交换净带出系统的内能；δQ 表示系统散热量，这里规定放热为正，吸热为负；δW 表示系统对外做功，包括膨胀功；$- dE$ 表示系统内能的减少，其含义为系统中内能减少等于质量交换净带出的内能、对外做功以及散热量三者之和。从该式也可看出：质量交换净带出的内能使系统的内能减少，系统散热使内能减少，系统对外做功使内能减少。

下面对无坐力炮射击过程中能量分配进行描述，以建立能量平衡方程。

某一时间间隔内，火药燃烧掉 $\omega d\psi$，燃烧温度为 T_1，定容比热容为 C_v，则所放出的能量为 $C_vT_1\omega d\psi$；这里所消耗掉的能量主要有两部分，一部分为推动弹丸做的功 $\varphi mvdv$，另一部分为气体流出所带走的能量 $C_pT\omega d\eta$；留在膛内的能量为 $d[C_vT\omega(\psi - \eta)]$；根据能量守恒定律，则

$$d[C_vT\omega(\psi - \eta)] = C_vT_1\omega d\psi - \varphi mvdv - C_pT\omega d\eta \qquad (3 - 29)$$

式中，C_v、C_p 均取整个射击过程的平均值。C_v、C_p 与绝热指数 k 有如下关系：

$$C_v = \frac{R}{k-1} = \frac{R}{\theta}, \quad C_p = \frac{kR}{k-1} = \frac{(1+\theta)R}{\theta}$$

则能量平衡方程为

$$\mathrm{d}[\tau(\psi-\eta)] = \mathrm{d}\psi - \frac{\theta\varphi m}{f\omega}v\mathrm{d}v - (1+\theta)\tau\mathrm{d}\eta$$

或

$$\frac{\mathrm{d}\tau}{\mathrm{d}t} = \frac{1}{\psi-\eta}\Big[(1-\tau)\frac{\mathrm{d}\psi}{\mathrm{d}t} - \frac{\theta\varphi m}{f\omega}v\frac{\mathrm{d}v}{\mathrm{d}t} - \theta\tau\frac{\mathrm{d}\eta}{\mathrm{d}t}\Big]$$

式中，$\tau = T/T_1$；$f = RT_1$。

7. 无坐力炮的经典内弹道方程组

综合以上的推导，对上述方程进行整理可得无坐力炮内弹道方程组为

$$\left.\begin{aligned}
\frac{\mathrm{d}Z}{\mathrm{d}t} &= \frac{\overline{u}_1}{e_1}p^n \\[6pt]
\frac{\mathrm{d}\psi}{\mathrm{d}t} &= \chi\frac{\mathrm{d}Z}{\mathrm{d}t} + 2\chi\lambda Z\frac{\mathrm{d}Z}{\mathrm{d}t} \\[6pt]
\frac{\mathrm{d}l}{\mathrm{d}t} &= v \\[6pt]
\frac{\mathrm{d}v}{\mathrm{d}t} &= \frac{S}{\varphi m}p \\[6pt]
\frac{\mathrm{d}\eta}{\mathrm{d}t} &= \frac{C_A v_{\mathrm{j}} S_{\mathrm{j}}}{f\omega}\cdot\frac{p}{\sqrt{\tau}} \\[6pt]
\frac{\mathrm{d}\tau}{\mathrm{d}t} &= \frac{1}{\psi-\eta}\Big[(1-\tau)\frac{\mathrm{d}\psi}{\mathrm{d}t} - \frac{\theta\varphi m}{f\omega}v\frac{\mathrm{d}v}{\mathrm{d}t} - \theta\tau\frac{\mathrm{d}\eta}{\mathrm{d}t}\Big] \\[6pt]
p &= \frac{f\omega\tau}{S(l+l_\psi)}(\psi-\eta)
\end{aligned}\right\} \qquad (3-30)$$

初始条件为

$$t = 0, v = l = \eta = 0, \tau = 1, p = p_0, \psi = \psi_0 = \frac{\dfrac{1}{\Delta} - \dfrac{1}{\rho_{\mathrm{p}}}}{\dfrac{f}{p_0} + \alpha - \dfrac{1}{\rho_{\mathrm{p}}}}$$

$$\sigma = \sigma_0 = \sqrt{1 + 4\frac{\lambda}{\chi}\psi_0}, \quad Z = Z_0 = \frac{\sigma_0 - 1}{2\lambda}$$

由式（3-30）可以看出，无坐力炮内弹道方程组是由 6 个一阶微分方程和 1 个代数方程组成，一般情况下，不存在分析解。只有对火药燃速方程相对温度 τ 进行某些简化处理后，才可以得到分析解。另外，无坐力炮的拉格朗日问题也比

一般火炮复杂，在一维情况下，膛内气体流动的滞止点位置是不断变化的，不像一般火炮那样，滞止点可以近似地处在膛底部位。因此，在通常情况下，都采用数值解。

为了便于计算软件编制，将式（3-30）化为量纲为 1 的方程组形式，即

$$
\left.
\begin{aligned}
\frac{\mathrm{d}Z}{\mathrm{d}\bar{t}} &= \sqrt{\frac{\theta}{2B}}\,\Pi^n \\[2mm]
\frac{\mathrm{d}\psi}{\mathrm{d}\bar{t}} &= \chi\frac{\mathrm{d}Z}{\mathrm{d}\bar{t}} + 2\chi\lambda Z\frac{\mathrm{d}Z}{\mathrm{d}\bar{t}} \\[2mm]
\frac{\mathrm{d}\Lambda}{\mathrm{d}\bar{t}} &= \bar{v} \\[2mm]
\frac{\mathrm{d}\bar{v}}{\mathrm{d}\bar{t}} &= \frac{\theta\Pi}{2} \\[2mm]
\frac{\mathrm{d}\eta}{\mathrm{d}\bar{t}} &= C_A\,\overline{S_{\mathrm{j}}}\,\frac{\Pi}{\sqrt{\tau}} \\[2mm]
\frac{\mathrm{d}\tau}{\mathrm{d}\bar{t}} &= \frac{1}{\psi-\eta}\Big[(1-\tau)\frac{\mathrm{d}\psi}{\mathrm{d}\bar{t}} - 2\bar{v}\frac{\mathrm{d}\bar{v}}{\mathrm{d}\bar{t}} - \theta\tau\frac{\mathrm{d}\eta}{\mathrm{d}\bar{t}}\Big] \\[2mm]
\Pi &= \frac{\tau}{\Lambda+\Lambda_\psi}(\psi-\eta)
\end{aligned}
\right\}
\tag{3-31}
$$

式中，$\bar{v}=v/v_{\mathrm{j}}, \Lambda=l/l_0, \Pi=p/f\Delta, \bar{t}=v_{\mathrm{j}}t/l_0, \overline{S_{\mathrm{j}}}=S_{\mathrm{j}}/S$，分别称为相对速度、相对行程、相对压力、相对时间、相对面积。量纲为 1 的装填参量 B 和 Λ_ψ 分别为

$$
B = \frac{S^2 e_1^2}{f\omega\varphi m\,\bar{u}_1^2}(f\Delta)^{2(1-n)}, \quad \Lambda_\psi = 1 - \frac{\Delta}{\rho_{\mathrm{p}}}(1-\psi) - \alpha\Delta(\psi-\eta)
$$

初始条件为

$$
t=0, v=l=\eta=0, \tau=1, p=p_0, Z=Z_0 = \frac{\sqrt{1+4\dfrac{\lambda}{\chi}\psi_0}-1}{2\lambda}
$$

$$
\psi = \psi_0 = \frac{\dfrac{1}{\Delta}-\dfrac{1}{\rho_{\mathrm{p}}}}{\dfrac{f}{p_0}+\alpha-\dfrac{1}{\rho_{\mathrm{p}}}}
$$

对上述的方程组常采用 Runge - Kutta 法进行求解，计算得到无坐力炮内弹道参量的变化规律。

3.3　无坐力炮的不平衡冲量

在 3.2 节中，介绍了无坐力炮的经典内弹道模型，其通过零维模型的计算，

获得弹丸炮口初始速度以及膛压等数据。然而针对无坐力炮经典内弹道设计计算时，上面数据不能完整地评估内弹道性能，因此需要评估无坐力炮的不平衡性能。本节结合经典内弹道方法，介绍在该情况下，不平衡力以及不平衡冲量的计算方法。

3.3.1　无坐力炮发射过程气动力模型[4]

1. 膛内压力分布和气流分布

基于拉格朗日假设，对于无坐力炮来说，由于炮尾装有为了平衡后坐的尾喷管，在射击过程中，有大量的气体从炮尾部流出。这时膛底随着气体流出而不断地发生变化，药室后端面的气体流速不等于零。由于气体同时向两端流动，因此在炮膛中间某一个断面上必然存在流速为零的滞止点，这是无坐力炮压力分布的一个特点。在整个弹道周期内，滞止点是前后变动的；在射击开始时，设喷管打开的同时弹丸启动，此时弹丸速度小，而火药燃气向后的流速要比弹丸速度大得多，此时滞止点很接近弹底；随着弹丸向前运动的速度逐渐增大，滞止点向喷孔方向移动；然而，由于火药燃气不断生成，膛压急骤升高，向后流出的气流速度迅速增大，因此滞止点很快又逆转至炮口方向；在射击过程的后段，虽然弹丸向前运动的速度继续增大，膛压迅速下降，使向后得到的气流速度也下降，但此时弹丸向前运动的行程迅速增长，故滞止点仍继续向炮口方向移动。由此可见，火药燃气在膛内的流动是很复杂的：在同一瞬间，各断面处气流速度不同；在同一断面处的气流速度是随时间变化的。因此，在射击过程的每一瞬间，在膛内都形成确定的压力分布。在如此复杂的气流中建立压力分布规律是很困难的，必须做出如下的简化假设。

①在弹道周期内，膛内同时存在气相和固相的两相流，现把火药燃气与未燃尽的火药固体的两相混合流动看成单一的火药燃气流动，且认为火药燃气在膛内是均匀分布的，即膛内火药气体的质量密度不随炮膛断面变化，由此可得膛内火药气体运动速度按线性分布。

②不考虑火药燃气的黏滞性及与炮膛壁之间的摩擦力，此时，膛内任一断面各点的气体状态是相等的，即假设一维流动。

③不考虑药室断面与炮膛的断面之间的差异，认为药室直径与炮膛直径相同，这样可忽略因断面变化而引起的气流状态的变化。

在某一瞬间，若假设弹丸距离药室后端面的距离为 L，弹丸速度为 ν，且弹底的火药气体速度为 v_g，药室后端面的气流速度为 u_{xh}，则在某瞬间膛内气体速度分布如图 3-5 所示。

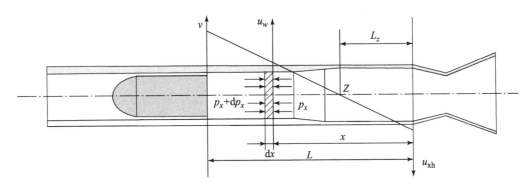

图 3 - 5 某瞬间膛内气体速度分布

图 3 - 5 中，Z 点表示滞止点，L_z 为滞止点与药室后端面的距离，u_w 为火药燃气在炮膛内任一截面处的速度，则一维流动的连续性方程为[8]

$$\frac{\partial \rho}{\partial t} + \frac{\partial (\rho u_w)}{\partial x} = 0 \tag{3-32}$$

考虑到假设①，即 $\partial \rho / \partial x = 0$，则有

$$\frac{\partial \rho}{\partial t} + \rho \frac{\partial u_w}{\partial x} = 0 \tag{3-33}$$

或

$$\frac{\partial u_w}{\partial x} = -\frac{1}{\rho} \cdot \frac{\partial \rho}{\partial t} \tag{3-34}$$

式 (3-34) 的右项仅是时间 t 的函数，则可转变成

$$u_w = c_1 x + c_2 \tag{3-35}$$

式中，c_1、c_2 仅是 t 的函数，代入边界条件即可确定。即

$$\begin{cases} 当\ x = 0\ 时，u_w = -u_{xh}，所以\ c_2 = -u_{xh} \\ 当\ x = L\ 时，u_w = v，所以\ c_1 = (v + u_{xh})/L \end{cases}$$

将 c_1、c_2 代入式 (3-35)，则可得到任一瞬间膛内气流速度分布公式为

$$u_w = \frac{x}{L} v + \left(\frac{x}{L} - 1\right) u_{xh} \tag{3-36}$$

式 (3-36) 表明膛内气流速度 u_w 与一维坐标 x 呈线性关系，于是火药燃气的气流速度加速度表达式为

$$\frac{du_w}{dt} = \frac{x}{L} \cdot \frac{dv}{dt} + \left(\frac{x}{L} - 1\right) \frac{du_{xh}}{dt} \tag{3-37}$$

在图 3 - 5 中，在坐标 x 处取微分单元层 dx，若设某一瞬间从喷管流出的总流量为 y，则有假设①，该微分单元层对的燃气质量为

$$\mathrm{d}\mu = \frac{\mathrm{d}x}{L}(\omega - y) \qquad (3-38)$$

式中，μ 为火药燃气和未燃尽的火药颗粒质量。

该单元层气体层运动方程为

$$-S\mathrm{d}p_x = \mathrm{d}\mu\frac{\mathrm{d}u_w}{\mathrm{d}t} \qquad (3-39\mathrm{a})$$

将式（3-37）和式（3-38）代入式（3-39a），则有

$$\mathrm{d}p_x = -\frac{\omega - y}{SL^2} \cdot \frac{\mathrm{d}v}{\mathrm{d}t}x\mathrm{d}x - \frac{\omega - y}{SL^2} \cdot \frac{\mathrm{d}u_{xh}}{\mathrm{d}t}x\mathrm{d}x + \frac{\omega - y}{SL} \cdot \frac{\mathrm{d}u_{xh}}{\mathrm{d}t}\mathrm{d}x$$

令速度比 $H = u_{xh}/v$，则有

$$\mathrm{d}p_x = -\frac{\omega - y}{SL^2} \cdot \frac{\mathrm{d}v}{\mathrm{d}t}x\mathrm{d}x - \frac{(\omega - y)H}{SL^2} \cdot \frac{\mathrm{d}v}{\mathrm{d}t}x\mathrm{d}x + \frac{(\omega - y)H}{SL} \cdot \frac{\mathrm{d}v}{\mathrm{d}t}\mathrm{d}x \qquad (3-39\mathrm{b})$$

式中，S 为身管截面积；p_x 为任一瞬间膛内不同位置压力分布。

以弹底压力 p_d 表示的弹丸运动方程为

$$Sp_d = \varphi_1 m\frac{\mathrm{d}v}{\mathrm{d}t}$$

代入式（3-39b）经整理后有

$$\mathrm{d}p_x = -\frac{\omega - y}{\varphi_1 mL^2}p_d(1 + H)x\mathrm{d}x + \frac{\omega - y}{\varphi_1 mL}p_dH\mathrm{d}x \qquad (3-39\mathrm{c})$$

对式（3-39c）积分得

$$\int_{P_x}^{p_d}\mathrm{d}p_x = -\frac{\omega - y}{\varphi_1 mL^2}p_d(1 + H)\int_x^L x\mathrm{d}x + \frac{\omega - y}{\varphi_1 mL}p_dH\int_x^L \mathrm{d}x$$

于是得到任一瞬间膛内压力分布公式为

$$p_x = p_d\left[1 + \frac{\omega - y}{2\varphi_1 m}(1 + H)\left(1 - \frac{x^2}{L^2}\right) - \frac{\omega - y}{\varphi_1 m}H\left(1 - \frac{x}{L}\right)\right] \qquad (3-40)$$

由式（3-40）可知，任一瞬间膛内压力是按抛物线分布的。

当 $x = 0$ 时，即得药室后端面处气体压力为

$$p_{xh} = p_d\left[1 + \frac{\omega - y}{2\varphi_1 m}(1 - H)\right] \qquad (3-41\mathrm{a})$$

当 $x = L$ 时，即得弹底处的气体压力 p_d。

当 $x = L_z$（滞止点处）时，由式（3-36），令 $u_w = 0$，得

$$L_z = \frac{u_{xh}}{v + u_{xh}}L = \frac{H}{1 + H}L \qquad (3-41\mathrm{b})$$

将式（3-41b）代入式（3-40），即表示滞止点处的压力 p_z

$$p_z = p_d \Big(1 + \frac{\omega - y}{2\varphi_1 m} \cdot \frac{1}{1 + H} \Big) \qquad (3-42)$$

根据平均压力的定义，则

$$\bar{p} = \frac{1}{L} \int_0^L p_x \mathrm{d}x = p_d \Big[1 + \frac{\omega - y}{3\varphi_1 m} \Big(1 - \frac{H}{2} \Big) \Big] \qquad (3-43)$$

这样就得到了药室后端面压力 p_{xh}、滞止点压力 p_z 及平均压力 $\bar{p}$ 与弹底压力 p_d 的关系。这些关系除了取决于比值 $(\omega - y)/m$ 以外，还取决于速度比 H。

由式（3-40）可知，要计算无坐力炮膛内压力分布，关键问题是如何求出速度比 H，下面进一步讨论速度比的确定方法。设药室后端面面积为 S_{xh}，流速为 u_{xh}，则通过该断面的流量为

$$G = S_{xh} \rho u_{xh}$$

再根据火药气体均匀分布的假定，在任一瞬间火药气体的密度为

$$\rho = \frac{\omega - y}{V_0 + Sl}$$

式中，l 为弹丸的实际行程；V_0 为药室容积。

流量计算公式为

$$G = \frac{(\omega - y) S_{xh} u_{xh}}{V_0 + Sl} \qquad (3-44)$$

$$u_{xh} = \frac{G(V_0 + Sl)}{S_{xh}(\omega - y)} \qquad (3-45)$$

由此可得该瞬间的速度比

$$H = \frac{G(V_0 + Sl)}{S_{xh}(\omega - y)v} \qquad (3-46)$$

引入流量相对量 $\eta = y/\omega$，有

$$G = \omega \mathrm{d}\eta / \mathrm{d}t$$

式（3-46）可表示为

$$H = \frac{\omega(V_0 + Sl)}{S_{xh}(\omega - y)v} \cdot \frac{\mathrm{d}\eta}{\mathrm{d}t} \qquad (3-47)$$

由相应的弹丸运动速度 v，则可求出速度比 H。由此可见，要计算速度比，必须解无坐力炮的弹道方程，求得 $p-l$、$v-l$、$y-l$ 及 $\tau-l$ 的函数关系，才能通过式（3-45）计算出 u_{xh}，因此计算无坐力炮的压力分布必须和弹道求解同时进行。

根据上述推导可给出考虑气体流出的压力分布及滞止点位置的计算公式，即

$$\left.\begin{aligned}
\dot{m} &= C_A v_j S_j \frac{p}{f\sqrt{\tau}} \\
u_{xh} &= \frac{\dot{m}(V_0 + Sl)}{S_{xh}(\omega - y)} \\
H &= \frac{u_{xh}}{v} \\
p_{xh} &= p_d\left[1 + \frac{\omega - y}{2\varphi_1 m}(1 - H)\right] \\
p_z &= p_d\left(1 + \frac{\omega - y}{2\varphi_1 m} \cdot \frac{1}{1 + H}\right) \\
\bar{p} &= p_d\left[1 + \frac{\omega - y}{3\varphi_1 m}\left(1 - \frac{H}{2}\right)\right] \\
L_z &= \frac{H}{1 + H}L
\end{aligned}\right\} \tag{3-48}$$

采用四阶 Runge – Kutta 法或吉尔（Gill）法，计算出无坐力炮内弹道参量变化规律。解的顺序是先通过式（3 – 31）计算出某瞬间的 p、v、l 及 τ，然后通过式（3 – 48）求出速度比 H、滞止点位置及喷管进口断面压力 p_{xh}、滞止点压力 p_z 和弹底压力 p_d 等参量。依次交替计算，直到弹丸底部出炮口。

2. 速度比 H 对压力分布的影响

①当 $H = 0$ 时，退化为一般火炮的压力分布公式，这时滞止点压力和药室后端面压力都相当于膛内压力。

②当 $H = 1$ 时，即弹丸运动速度等于气流通过药室后端面的速度，膛内压力分布曲线对称于滞止点位置，$p_{xh} = p_d$。

③当 H 单调增加时，p_{xh}、p_z 及 $\bar{p}$ 都减小。当 $H \rightarrow \infty$ 时，$p_z = p_d$，即滞止点在弹底位置。由式（3 – 40）同样可以得出这个结论，因为 $\lim\limits_{H\to\infty}\dfrac{H}{1+H} = 1$，则

$$L_z = L$$

但 H 不能无限增大，它受到式（3 – 48）的限制，否则 p_{xh} 可能出现负值，失去物理意义。为了保证 $p_{xh} > 0$，则

$$1 + \frac{\omega - y}{2\varphi_1 m}(1 - H) > 0$$

因此

$$H < \frac{2\varphi_1 m}{\omega - y} + 1$$

在任何一个速度比 $H > 0$ 的情况下，滞止点压力 p_z 总是最大的。

3.3.2　同轴不平衡冲量

根据无坐力炮喷管工作特点，已导出弹丸在膛内运动时期任一瞬间火药燃气在膛内的压力分布和速度分布，进而确定了炮尾室的总压 p_0。需要导出作用于喷管的作用力 F_p 以及作用在炮身上轴向力的合力 F_d。作用于炮身轴向力的合力通常称为不平衡力。不平衡力和不平衡冲量是无坐力炮平衡性能的重要标志[7]。

应用力学原理：在内力作用下的系统各部分的动量等于外力冲量和。弹丸在膛内运动时期作用于炮身上的各轴向力及其方向如图 3 - 6 所示。

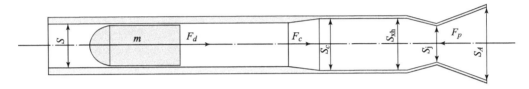

图 3 - 6　无坐力炮受力图

内力作用下的动量包括弹丸的动量（$+ m\mathrm{d}v$），以及喷管提供的动量。其中弹丸提供的后坐力

$$F_d = p_d S$$

下面讨论气体通过喷管流出产生的推力。假设喷管入口处的平均总压 p_{xh} 为火药气体在喷管内流动的总压，此总压在弹丸运动过程中是变化的。设喷管出口截面积为 S_A，喷管喉部截面积为 S_j，喷管入口处截面积为 S_{xh}，喷管结构如图 3 - 7 所示。

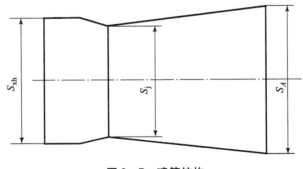

图 3 - 7　喷管结构

作用在喷管上的轴向力为

$$F_p = \int_{S_j}^{S_{xh}} p_i \mathrm{d}S_i - \int_{S_j}^{S_A} p_i \mathrm{d}S_i = \int_{S_A}^{S_{xh}} p_i \mathrm{d}S_i$$

对该式分部积分得

$$F_p = S_{xh}p_{xh} - S_A p_A - \int_{p_A}^{p_{xh}} S_i \mathrm{d}p_i \qquad (3-49)$$

由动量方程和连续方程得

$$G\mathrm{d}u = -S_i \mathrm{d}p_i \qquad (3-50)$$

代入式（3-49）得

$$F_p = S_{xh}p_{xh} - S_A p_A + \int_{u_A}^{u_{xh}} G\mathrm{d}u$$

$$F_{xh} = (S_{xh}p_{xh} + Gu_{xh}) - (S_A p_A + Gu_A) \qquad (3-51)$$

为了计算方便，将式（3-51）变为能借助于一些数表的简便形式。由流速方程得

$$u_{xh} = \sqrt{\frac{2k}{k-1}RT_0\left[1 - \left(\frac{p_{xh}}{p_0}\right)^{\frac{k-1}{k}}\right]}, \quad u_A = \sqrt{\frac{2k}{k-1}RT_0\left[1 - \left(\frac{p_A}{p_0}\right)^{\frac{k-1}{k}}\right]}$$

由流量方程得

$$G = K_0 S_j p_0 / \sqrt{RT_0}$$

式中，$K_0 = \left(\frac{2}{k+1}\right)^{\frac{k+1}{2(k-1)}}\sqrt{k}$，$k$ 为比热比。

将 u_{xh}、u_A、G 代入式（3-51），并引入函数

$$F_u(\varepsilon) = \sqrt{\frac{2k}{k-1}\left(1 - x^{\frac{k-1}{k}}\right)}$$

则得

$$F_p = S_j p_0 \{\varepsilon_{xh} x_{xh} - \varepsilon_A x_A + K_0[F_u(\varepsilon_{xh}) - F_u(\varepsilon_A)]\} \qquad (3-52)$$

式中，ε 为面积比，$\varepsilon = S_i/S_j$，即 $\varepsilon_{xh} = S_{xh}/S_j, \varepsilon_A = S_A/S_j$；$x$ 为压力比，$x = p_i/p_j$，即 $x_{xh} = p_{xh}/p_j, x_A = p_A/p_j$。

$F_u(\varepsilon)$ 为气流速度函数，令

$$C_F = \varepsilon_{xh} x_{xh} - \varepsilon_A x_A + K_0[F_u(\varepsilon_{xh}) - F_u(\varepsilon_A)] \qquad (3-53)$$

式中，C_F 为喷管轴向力作用系数，是 ε_A、ε_{xh} 和 k 的函数。

故作用在喷管上的轴向力为

$$F_p = C_F S_j p_0 \qquad (3-54)$$

这就是火药燃气作用在喷管上的轴向力计算公式。应该指出，按式（3-54）计算的轴向力，仅是理想情况下的数值。对于无坐力炮的实际喷管结构，由于存

在热散失和摩擦损失，以及喷孔本身几何形状的不规则、火药不完全燃烧和未燃尽火药固体颗粒的流失等原因，有必要对式（3－54）进行修正。修正时应用流速方程和流量方程中的修正系数 φ_1、φ_2，于是，式（3－54）中的轴向力作用系数变为

$$C_F = \varepsilon_{\mathrm{xh}} x_{\mathrm{xh}} - \varepsilon_A x_A + \varphi_1 \varphi_2 K_0 \left[F_u(\varepsilon_{\mathrm{xh}}) - F_u(\varepsilon_A) \right] \qquad (3-55)$$

若取 $k = 1.25$，$\varphi_1 = 0.93$，$\varphi_2 = 0.95$，按式（3－55）计算 C_F 值，其数值随 $S_{\mathrm{xh}}/S_{\mathrm{j}}$、$S_A/S_{\mathrm{j}}$ 的变化如表 3－4 所示。

表 3－4　轴向力作用系数 C_F

S_A/S_{j}	$S_{\mathrm{xh}}/S_{\mathrm{j}}$						
	1.1	1.4	1.7	2.0	2.3	2.6	2.9
1.0	0.068 3	0.314 0	0.583 0	0.862 0	1.146 7	1.435 3	1.725 4
2.0	-0.146 8	0.100 0	0.369 0	0.648 0	0.931 7	1.220 2	1.511 3
2.0	-0.250 4	0.018 0	0.287 0	0.566 0	0.828 0	1.116 6	1.407 7
4.0	-0.277 5	-0.037 1	0.238 0	0.517 0	0.800 9	1.089 5	1.380 6
6.0	-0.336 4	-0.090 8	0.178 0	0.457 1	0.742 0	1.030 6	1.321 7
9.0	-0.386 5	-0.140 8	0.127 9	0.407 0	0.692 0	0.980 5	1.271 6
16.0	-0.445 5	-0.199 8	0.068 9	0.348 0	0.633 0	0.920 5	1.212 6

使用表 3－4 时注意，表中 C_F 为负值表示轴向力 F_p 指向炮口方向。

由表 3－4 可以看出，在 $S_{\mathrm{xh}}/S_{\mathrm{j}}$ 一定时，随着 S_A/S_{j} 的增大，C_F 从正值减小到负值，也就是火药燃气作用在喷管的轴向力，从指向后方逐渐变为指向前方（炮口方向）。这说明喷管的效率在提高，这对于提高弹丸运动速度，改善内弹道性能，减小炮尾、炮闩受力都是有利的。在 S_A/S_{j} 较小时，C_F 变化较快，随着 S_A/S_{j} 的增大，C_F 的变化率逐渐减小。S_A/S_{j} 的增大会使喷管的尺寸和质量增大，所以在设计喷管时，通常取 S_A/S_{j} 的值在 4 以内。

由表 3－4 可以看出，在 S_A/S_{j} 一定时，随着 $S_{\mathrm{xh}}/S_{\mathrm{j}}$ 的增大，C_F 明显地从负值增大到正值。它的影响与 S_A/S_{j} 相反，因此在设计喷管时，在保证火药燃气有足够的流通面积和适当收敛角的前提下，应尽量减小入口断面积 S_{xh} 和临界断面积 S_{j} 的比值。

综上所述，在无坐力炮发射过程中，作用在炮轴方向上的不平衡力为上述轴向力的合力，轴向合力 F_R 的表达式为

$$F_R = F_p + F_d \qquad (3-56)$$

故轴向不平衡冲量为

$$I_1 = \int_0^{t_g} F_R(t)\,\mathrm{d}t \qquad (3-57)$$

式中，t_g 为弹丸出炮口的时刻。

实际上弹丸出炮口后还会受到未完全燃烧火药气体的影响，称为后效期作用，这里忽略了这一影响。

在无坐力炮设计时一般要求对不平衡力在内弹道时期和后效期以及后后效期整个时间段进行积分，并保证整体的冲量在允许的要求时间内。通过经典内弹道算法对无坐力炮进行冲量计算，只能保证在内弹道这段时间的冲量数值，对弹丸出膛后时间的冲量无法准确地计算。因此需要通过试验手段进行测量，获得冲量数值。一般要求其冲量不大于指标冲量。其调整冲量的手段，主要有以下几个方面。

①在武器结构确定前：主要调整喷管的面喉比、喉部尺寸等武器的几何因素。

②在武器结构确定后：主要调整堵片打开压力、拔弹力、弹带挤进压力、药量等因素。

③在整体定性后：主要调整发射药的相关参数，包括发射药的长短和厚度、药量、利用率等。

3.4　针对线膛旋转不平衡冲量计算

轻型无坐力炮武器系统采用了大量轻量化材料，因此弹丸在炮膛内因膛线发生旋转时会对无坐力炮产生一个不可忽略的扭转力矩冲量，弹丸旋转产生的扭转力会通过无坐力炮传递给射手，对射手在发射过程中的安全性造成不利影响，因此需要对无坐力炮在发射过程中产生的扭转力和扭转力矩冲量建立数学模型进行分析。

当弹丸挤进膛线后，在火药燃气作用下，会边沿膛线向前运动，边沿膛线做旋转运动。炮身和弹丸的具体受力情况如图 3 - 8 所示。

膛线导转侧作用于弹丸上的力为 N_D，与此同时弹丸施加给膛线导转侧的力为 N_T，这两个力具有大小相等、方向相反的特点。

$$N_T = N_D = \frac{1}{n}\left(\frac{R}{r}\right)^2 S p_d \tan\alpha \qquad (3-58)$$

式中，n 为无坐力炮内膛线的数量；r 为弹丸的几何半径；R 为弹丸的惯性半径；S

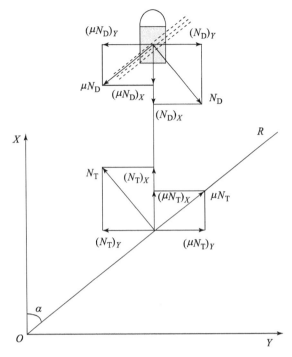

图 3-8　炮身和弹丸的具体受力情况

为无坐力炮身管截面积；p_d 为弹底压力；α 为膛线的缠角。

根据图 3-8 中的受力示意，弹丸与膛线之间存在摩擦力，对膛线导转侧的正压力和摩擦力进行力的分解可以得到使弹丸产生旋转的作用力 F_D 为

$$F_D = nN_D(\cos\alpha - \mu\sin\alpha) \tag{3-59}$$

式中，μ 为弹带与膛线之间的滑动摩擦因数。

将式（3-58）代入式（3-59）后可以得到

$$F_D = \left(\frac{R}{r}\right)^2 Sp_d\left(\sin\alpha - \mu\frac{\sin^2\alpha}{\cos\alpha}\right) \tag{3-60}$$

对式（3-60）中的三角函数进行分析：α 为膛线的缠角，因为火炮和轻武器等缠角都比较小，所以

$$\left(\sin\alpha - \mu\frac{\sin^2\alpha}{\cos\alpha}\right) \approx \sin\alpha \tag{3-61}$$

因此，F_D 可以简化为如下所示的形式

$$F_D = \left(\frac{R}{r}\right)^2 Sp_d\sin\alpha \tag{3-62}$$

根据牛顿第三定律可知，弹丸赋予膛线导转侧使无坐力炮炮身产生旋转运动的力 F_T 为

$$F_T = \left(\frac{R}{r}\right)^2 Sp_d\sin\alpha \tag{3-63}$$

根据式（3-63）可知，弹丸在膛内运动过程中使无坐力炮产生扭转作用的力与弹丸几何半径、弹丸的惯性半径、无坐力炮身管截面积、弹底压力以及膛线的缠角有关。故扭转力不平衡冲量为

$$I_n = \int_0^{t_s} F_T(t)\,\mathrm{d}t \qquad (3-64)$$

由于式（3-64）中的扭转力冲量是以力臂为弹丸几何半径 r 进行推导的，因此在计算和试验测试中一般比较扭转力矩冲量而并非扭转力冲量大小。扭转力矩冲量 I_2 的表达式为

$$I_2 = \int_0^{t_s} r F_T(t)\,\mathrm{d}t \qquad (3-65)$$

3.5　计算实例与讨论

3.5.1　计算实例

这里使用 78 式 82 mm 无坐力炮内弹道相关参数，该炮属于滑膛炮，其武器系统的内弹道相关参数如表 3-5~表 3-6 所示。

表 3-5　火炮构造诸元

名称	数值	名称	数值
火炮口径 d/mm	82	火炮身管截面积 S/dm²	0.528 1
药室容积 V/dm³	1.648	弹丸行程长 l_g/dm	9.15
喷管喉部截面积 S_j/dm²	0.356 4	喷管出口截面积 S_A/dm²	1.508 8
堵片打开压力 p_{0m}/MPa	7		

表 3-6　火药装填条件

名称	数值	名称	数值
弹丸质量 m/kg	3.67	主装药折合质量 ω/kg	0.6
压力全冲量 I_k/(kg·s·dm⁻³)	220	主装药火药力 f/(kJ·kg⁻¹)	1 050
主装药密度 ρ_p/(kg·dm⁻³)	1.6	主装药药片厚度 $2e$/mm	0.55
火药形状特征量 χ	1.74	火药形状特征量 λ	-0.74
比热比 k	1.32	次要功系数 φ	1.02
流量系数 A	6.546×10^{-4}	气体流速速度损失系数 φ_1	0.91
气体余容 α/(dm³·kg⁻¹)	1	火药气体流量修正系数 φ_2	0.956 5

将无坐力炮武器系统的平衡性能设计的相关参数代入所编写的程序中，得到

火炮膛压－弹丸行程曲线、弹丸速度－弹丸行程曲线、火炮膛压－时间曲线、弹丸速度－时间曲线，如图3－9和图3－10所示。

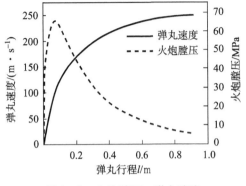

图3－9 火炮膛压、弹丸速度
随弹丸行程变化曲线

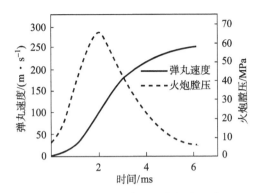

图3－10 火炮膛压、弹丸速度随
时间变化曲线

原本的78式82 mm无坐力炮中对不平衡力的计算没有体现，原因是当时计算能力有限，多数计算结果为手算结果，经过多年计算机的发展，本书根据计算参数提供作用在喷管上的轴向力F_p、弹丸运动对炮身的轴向作用力F_d、轴向不平衡合力F_R的计算结果，如图3－11和图3－12所示，其中弹丸移动方向为力的正方向。可见轴向不平衡力比喷管前冲力和弹丸后坐力小两个量级，结合图3－10所示的火炮膛压－时间曲线可知，在2 ms之前膛压一直增加，弹丸移动缓慢，造成不平衡力正向增加；在2 ms之后膛压下降，弹丸速度增加，造成不平衡力朝着后坐力倾斜。在整个内弹道时间内不平衡冲量接近于0。

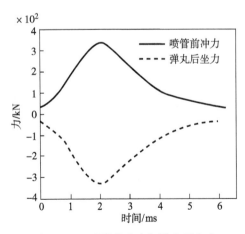

图3－11 喷管前冲力与弹丸后坐力
随时间变化曲线

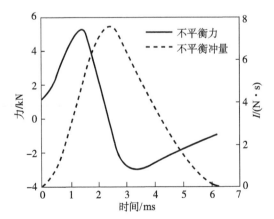

图3－12 不平衡力与不平衡冲量
随时间变化曲线

3.5.2　讨论

经典内弹道只解决了平衡的问题，无法实现对各个因素的调整。经典内弹道存在以下特点和问题。

①经典内弹道体现的是平衡设计，并未考虑具体的力。

②设计时不平衡冲量应该为 0，但是在实际中可能不为 0。

③相对于闭膛炮，无坐力炮内弹道是低压点传火和低压燃烧。

④药室内最大压力的位置是不固定的。

⑤发射药量相对较大，燃烧效率低。有未完全燃烧的火药从炮口和炮尾喷出，出现后喷（后爆）现象，从而引起弹丸出炮口后的二次加速。

⑥经典内弹道无法对平衡力参数进行精细分析，如堵片和弹带不同步引起的不平衡问题等。

3.6　一维平衡内弹道计算方法

枪炮内弹道研究弹丸从点火到离开发射器身管的行为，主要从理论和实验上对膛内的各种现象进行研究和分析，揭示发射过程中存在的各种规律和影响规律的各有关因素，应用已知规律提出合理的内弹道方案，为武器的设计和发展提供理论依据。目前内弹道的计算方法大多基于以下目的的设计：

①研究现有火炮的某些参数与性能之间的关系；

②预测设计火炮的性能；

③了解无法在实验中详细观察到的物理过程的细节。

传统的经典内弹道以平衡态热力学为基础，膛内气流采用拉格朗日假设，研究枪炮内弹道参量平均值变化规律，是一种零维模型。两相流内弹道假设火药颗粒群组成的固相连续地分布在气相中，即把火药颗粒当作一种具有连续介质特性的拟流体来处理。目前内弹道建模主要集中在处理发射过程中药床的运动、火药气体的流动、气固两相间的热传递、身管的热行为、火药爆轰产生的压力波等武器在发射过程中无法直接观测到的现象，而对无坐力炮内弹道的动态平衡力分析缺乏探讨。近年来随着无坐力炮轻量化的进行，无坐力炮在发射过程中的不平衡力的问题越加突出。在无坐力炮内弹道的平衡问题上，传统的解决方法是将武器在弹丸发射过程中的受力情况作为一个整体进行考虑，无法对随时间变化的各种力进行精确分析。

本节在可压缩管流的基础上，建立无坐力炮一维平衡内弹道模型，利用特征线的方法对模型进行数值计算求解，并对膛压、弹道曲线、不平衡力和噪声等进行定量分析，并给出更详细的设计分析理论。

3.6.1　基本假设

基于弹丸发射的物理过程，无坐力炮被简化为由身管、药室和喷管三个部分组成的模型（见图 3-1）。这里将流动的介质假设为不发生化学反应的气体，实际上流动的介质是一种高压气体，它会发生化学反应，并与燃烧的推进剂分离。简化只是基于以下考虑：首先，众多实验表明，气体流中未燃烧的推进剂颗粒对无坐力炮的性能有不利影响；其次，不知道气体内部化学反应的细节，而已知的主要是有关这些反应最终产物的一些数据。因此，习惯上假定气体可以用某种平均状态方程来充分精确地描述。鉴于涉及的密度较高，首选 Noble – Able 方程，假设比热容为常数，则有

$$\frac{p}{\rho}(1 - \eta\rho) = \frac{TR}{M} \qquad (3-66)$$

式（3-66）中，p 为压力，Pa；ρ 为密度，$\mathrm{kg \cdot m^{-3}}$；$R = 8.314\,3\ \mathrm{kJ \cdot (K \cdot mol)^{-1}}$，为气体常量；$T$ 为温度，K；M 为分子摩尔质量，$\mathrm{kg \cdot mol^{-1}}$；$(1 - \eta\rho)/\rho$ 为余容，$\mathrm{m^3 \cdot kg^{-1}}$。然后用三个参数来描述这种气体，即分子摩尔质量 M、比热比 k 和分子的体积 η。尽管它们实际上都不是常数，但可以比较准确地估计出前两个参数。

气体特性不是被分子摩尔质量规定，而是被发射药的等容火焰温度 $T_{火焰}$（单位为 K）和冲量（或力）I_{p} 规定。后者定义为

$$I_{\mathrm{p}} = T_{火焰} R / (gM)$$

式中，$g = 9.8\ \mathrm{m \cdot s^{-2}}$，为标准重力加速度。

在几何简化方面，假设身管的流动为一维流动。在弹道学以及其他工程应用中，管流已经通过一维近似成功地处理了。这里考虑了身管的传热和内部气体摩擦的影响。模型中包含了气体摩擦和热传导选项，主要是为了研究这些现象的总体影响。为此，一维近似是足够精确的。

燃烧过程只发生在药室中，在药室中除了内能和气体质量外，药室内气体的压力和密度等状态变量在空间上是平均的。这个近似说法仍旧能把发射药的几何形状效应和它的燃烧性质效应各自明显地区分。实际的流动在药室中显然是三维的和两相的，并且它的几何形状在不同武器中有相当大的变化。事实上只有用这种平均法，模型才能应用于武器之上。顺便提一下，对武器中整个流动作类似的空间平均法是赫尔希费尔德理论和康纳理论的基础。在目前的模型中，近似的应用只局限于药室中。

气体颗粒通过喷管的时间小于 0.3 ms，而燃烧时间的数量级为 5 ms。因此通过后喷管的流动被视为准稳态一维流动。同时还假设弹丸为质点。

3.6.2 内弹道方程组

1. 身管中流动

令 x 为身管的轴向坐标，$A(x)$ 为炮膛横截面积。假设身管截面面积沿着 x 方向面积变化不大，则有

$$\left| \frac{\partial A(x)}{\partial x} \right| \Big/ \sqrt{A(x)} \ll 1 \qquad (3-67)$$

用 A 代替 $A(x)$，A' 代替 $\partial A(x)/\partial x$。可压缩一维管流的连续性方程为

$$\begin{cases} \dfrac{\partial}{\partial t}(\rho A) + \dfrac{\partial}{\partial x}(\rho u A) = 0 \\[2mm] \dfrac{\partial \rho}{\partial t} + u\dfrac{\partial \rho}{\partial x} + \rho \dfrac{\partial u}{\partial x} = -\rho u \dfrac{A'}{A} \end{cases} \qquad (3-68)$$

式中，ρ 为截面的平均密度；u 为气体粒子轴向速度。动量方程为

$$\frac{\partial}{\partial t}(\rho u A) + \frac{\partial}{\partial x}(u^2 \rho A) + A\frac{\partial p}{\partial x} = -A\rho F \qquad (3-69)$$

式中，F 为由于气体的壁摩擦和黏度引起的每单位质量的力，F 是 x 和 t 的函数；p 为截面的平均压力。能量方程为

$$\frac{\partial}{\partial t}\Big[\rho A\Big(e + \frac{1}{2}u^2\Big)\Big] + \frac{\partial}{\partial x}\Big[\rho u A\Big(e + \frac{1}{2}u^2 + p/\rho\Big)\Big] = q\rho A \qquad (3-70)$$

式中，q 为单位时间内每单位质量气体向身管内壁热传递的速率；e 为气体粒子的比内能。

对连续性方程式（3-68）、动量方程式（3-69）以及能量方程式（3-70）进行整合变化得到身管流动的双曲线形式的基本方程组：

$$\begin{cases} \dfrac{\partial \rho}{\partial t} + u\dfrac{\partial \rho}{\partial x} + \rho \dfrac{\partial u}{\partial x} = -\rho u \dfrac{A'}{A} \\[3mm] \dfrac{\partial u}{\partial t} + u\dfrac{\partial u}{\partial x} + \dfrac{1}{\rho} \cdot \dfrac{\partial p}{\partial x} = -F \\[3mm] \dfrac{\partial e}{\partial t} + u\dfrac{\partial e}{\partial x} + \dfrac{p}{\rho} \cdot \dfrac{\partial u}{\partial x} = q + uF - u\dfrac{p}{\rho} \cdot \dfrac{A'}{A} \end{cases} \qquad (3-71)$$

方程中的因变量为 u、ρ、p、e。其中 F 和 q 的公式是

$$F = \sqrt{\frac{\pi}{A}} f u |u| \qquad (3-72)$$

$$q = \sqrt{\frac{\pi}{A}} f |u| c_p \Big\{ T_w - T_g\Big[1 + 0.445(\gamma - 1)\Big(\frac{u}{c}\Big)^2 \Big] \Big\} \qquad (3-73)$$

式中，f 为管道摩擦因数；c_p 为恒压比热容；T_w 为壁面温度；T_g 为截面处气体体积温度，γ 为比热比；c 为声速。

式（3 – 71）的特征线的规范形式为

$$
\begin{cases}
\mathrm{d}x - u\mathrm{d}t = 0 \\
- c^2 \mathrm{d}\rho + \mathrm{d}p - \dfrac{(\gamma - 1)\rho}{1 - \eta\rho}(q + uF)\mathrm{d}t = 0 \\
\mathrm{d}x - (u \pm c)\mathrm{d}t = 0 \\
\pm \rho c \mathrm{d}u + \mathrm{d}p + \left[\pm \rho cF - \dfrac{(\gamma - 1)\rho}{1 - \eta\rho}(q + uF) + c^2 \rho u \dfrac{A'}{A} \right]\mathrm{d}t = 0
\end{cases}
\tag{3 – 74}
$$

式中，前两个方程分别为气体粒子对应的行程线方程和相容性方程，后两个方程分别为马赫线对应的行程线方程和相容性方程。

2. 药室中的燃烧及气体流动

燃烧气体的状态变量在空间上是平均的，它们是时间因变量。相应控制方程中的自变量是时间 t。因变量如下：①平均燃烧的线性距离 z（单位为 m）；②药室中相应的气体可用体积 V（单位为 m^3）；③药室中气体的质量 m（单位为 kg）；④药室中气体内能 E（单位为 J）。具体方程为

$$
\begin{cases}
\mathrm{d}z - \bar{r}(p_c)\mathrm{d}t = 0 \\
\mathrm{d}V - S(z)\mathrm{d}z - V_x(x)\mathrm{d}x - V_1(t)\mathrm{d}t = 0 \\
\mathrm{d}m - \rho_p S(z)\mathrm{d}z + (M_1 + M_2)\mathrm{d}t = 0 \\
\mathrm{d}E - \hat{e}\rho_p S(z)\mathrm{d}z + \rho_d \mathrm{d}V + (F_1 + F_2)\mathrm{d}t = 0
\end{cases}
\tag{3 – 75}
$$

第一个方程为发射药燃烧规律，p_c 为药室滞止压力，$\bar{r}(p_c) = \alpha p^n$，为发射药的指数燃速方程，$\alpha$ 为燃速常数，n 为燃速指数，α 和 n 由实验确定。第二个方程是药室中自由容积的变化，变化原因可能是发射药的燃烧、弹丸的运动和未燃烧完的发射药的排出。第二个方程中，$S(z)$ 描述了推进剂的几何形状，$V_x(x)$ 和 $V_1(t)$ 分别描述弹丸运动和发射药的排出效应。第三个方程和第四个方程分别为质量守恒定律和能量守恒定律。$\hat{e}$ 为药室中每千克气体所含的能量，假设为定值，ρ_p 为发射药燃烧产生气体的密度，ρ_d 为发射药密度。上述方程中的因子 F_1、F_2、M_1 和 M_2 分别为通过药室前后开口的能量率和质量输送率，计算表达式如下：

$$
\begin{cases}
F_1 = - A_1 \rho_1 u_1 \left(\dfrac{\gamma}{\gamma - 1} \cdot \dfrac{p_1}{\rho_1} + \dfrac{1}{2}u_1^2 \right) \\
M_1 = - A_1 \rho_1 u_1 \\
F_2 = + A_2 \rho_2 u_2 \left(\dfrac{\gamma}{\gamma - 1} \cdot \dfrac{p_2}{\rho_2} + \dfrac{1}{2}u_2^2 \right) \\
M_2 = + A_2 \rho_2 u_2
\end{cases}
\tag{3 – 76}
$$

式中，下标 1 表示药室的后开口（喷管入口）；下标 2 表示药室的前开口（身管入口）。在后续处理中假设药室中各位置气体的状态是随空间位置呈线性变化的。

3. 通过喷管的流动

喷管流动的特征时间比燃烧时间短，因此喷管内的流动可以在任何时间近似为稳定的流动，即喷管出口的流动由喷管的几何形状和喉部内的当前流动条件唯一决定。具体计算流程如下：在假设喉部的气流是声速的前提下，从药室的当前状态出发计算滞止状态的物理量，从滞止状态绝热过渡到声速状态，得到喉部气流状态，再经过质量守恒以及绝热而变换得到在喷管尾部的气流状态。

如果气体分子的体积 $\eta = 0$，则任意时刻药室状态的驻点为

$$\begin{cases} p_0 = (\gamma - 1)\dfrac{E}{V} \\ \rho_0 = \dfrac{m}{V} \\ c_0 = \sqrt{\gamma\dfrac{p_0}{\rho_0}} \end{cases} \quad (3-77)$$

喉部气体状态方程为

$$\begin{cases} u_1^2 = c_0^2\dfrac{2}{\gamma + 1} \\ \rho_1 = \rho_0\left(\dfrac{u_1^2}{c_0^2}\right)^{\frac{1}{\gamma-1}} \\ p_1 = p_0\left(\dfrac{u_1^2}{c_0^2}\right)^{\frac{\gamma}{\gamma-1}} \end{cases} \quad (3-78)$$

假设锥形喷管为一个源流。流体在出口的球面上具有恒定的流速值。喷管为锥形，出口半角为 α，喷管出口面积为 A_E，出口上的球形面积为 $(2A_E)/(1+\cos\alpha)$，喉部面积为 A_1。气流的各个变量在喷管喉部取相应的变量值 u_1、ρ_1 和 p_1，在喷管出口各个变量值为 u_E、ρ_E 和 p_E，根据质量守恒，喷管进出口各量满足以下关系：

$$\rho_E u_E = \rho_1 u_1\frac{A_1}{A_E}\cdot\frac{1+\cos\alpha}{2} \quad (3-79)$$

喷管出口处的密度 ρ_E 以及压力 p_E 的计算公式如下：

$$
\begin{cases}
\rho_{E} = \rho_0 \left(1 - \dfrac{\gamma - 1}{2\gamma \dfrac{p_0}{\rho_0}} u_{E}^2 \right)^{\frac{1}{\gamma - 1}} \\[4ex]
p_{E} = p_0 \left(1 - \dfrac{\gamma - 1}{2\gamma \dfrac{p_0}{\rho_0}} u_{E}^2 \right)^{\frac{\gamma}{\gamma - 1}}
\end{cases}
\tag{3-80}
$$

3.6.3　边界条件

在 3.6.2 节中，推导了一组身管内流动的控制方程。方程由自变量 x 和 t 组成偏微分方程组。不失一般性，可以假设 $t \geqslant 0$ 和 $0 \leqslant x \leqslant x_{M}$，其中 x_{M} 是身管的长度。对于 $t < t_{muz}$，控制方程只描述 $0 \leqslant x \leqslant x_p(t)$ 内的流动，其中 t_{muz} 是弹丸到达炮口的时间，$x_p(t)$ 是时间 t 时弹丸在身管的位置（见图 3-13）。因此，必须区分三种不同的边界条件。

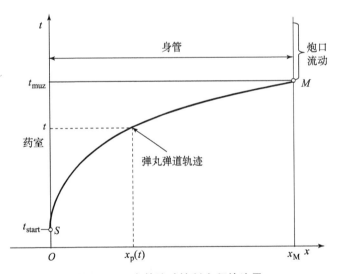

图 3-13　身管流动控制方程的边界

$x = 0$ 时，身管与药室相连。该边界处的边界值可通过求解药室方程和相应的气体流动控制方程得到。因此，对于负流，要求压力和速度在边界处是连续的。对于正流，要求压力、速度和密度在边界处是连续的（前一种情况，气体从药室流入身管时，边界 $x = 0$ 是一个接触面）。

$x = x_p(t)$，$t < t_{muz}$ 时，弹底压力大于弹前压力，弹丸做加速运动。在此边界处，在求解气体流动控制方程的同时，也求解了弹体的运动方程。

对于 $t > t_{\text{muz}}$，$x = x_{\text{M}}$ 的自由流动条件，根据环境压力和内部流动条件，假设在环境压力下存在亚声速流动、声速流动或超声速流动。图 3-13 中的节点 M 由于弹丸打开炮口时，边界条件发生变化，需要进行特殊处理。一般来说，M 是膨胀波的顶点（vertex）。

1. 弹底的边界条件

在 $t \leqslant t_{\text{muz}}$ 身管中，流动的右边界由 $x = x_{\text{p}}(t)$ 给出，即由弹丸的位置给出。身管内的气体压力使弹丸加速。弹丸的运动方程是

$$\begin{cases} \mathrm{d}x_p - u_p \mathrm{d}t = 0 \\ m_p \mathrm{d}u_p - \left[(p - p_{\text{amb}})A - f_p \mathrm{sgn}\, u_p \right] \mathrm{d}t = 0 \end{cases} \tag{3-81}$$

式中，u_p 为弹丸速度；m_p 为弹丸质量；p 为弹后压力；p_{amb} 为弹前压力（大气压）；A 为身管横截面积；f_p 为管壁摩擦力，$\mathrm{sng}(\ )$ 为取正负符号的函数。

计算节点在 $x-t$ 平面上的相对位置，如图 3-14 所示。在同样是弹丸位置的节点 B，给出一组 u、p 和 ρ 的值，以及一个内部节点 A，进而确定节点 C 的坐标和 u、p 和 ρ 值。因此，共有 5 个未知数。对于它们的计算，首先有式（3-81），它们沿着弹丸路径线 BC 是有效的。由于弹丸的路径也是相邻气体粒子的路径，因此，式（3-74）的第二个方程也适用于该路径。沿着 $u + c$ 特征线 AC，式（3-74）的第三个和第四个方程在声速为正的情况下，对于上述 5 个未知数，共有 5 个方程。将方程组离散化，采用迭代法求解非线性方程。

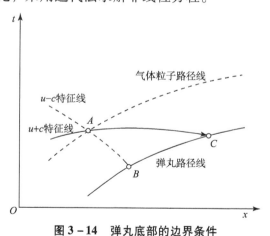

图 3-14　弹丸底部的边界条件

计算中唯一需要注意的是管内摩擦力的处理。如果这个力很大，那么弹丸可能会停下来，但它不应该减速到负速度。一旦失速，弹丸不应移动，除非压差 $p - p_{\text{amb}}$ 乘以身管横截面面积超过管壁摩擦力 f_p。

2. 敞开的炮口边界条件

在敞开的炮口处，可以区分出三种不同的边界条件，即超声速出口流动、声

速流动和亚声速流动。图 3 - 13 中的节点 M 需要特殊处理。如果弹丸的初速相对于邻近推进剂气体是亚声速的，那么这个节点就是一个膨胀扇形区顶点。图 3 - 15 说明了亚声速或声速流动时的节点计算。设解（u、p 和 ρ）在内部节点 A 和 B 已知。寻求计算一个新的点 C，为 $u + c$ 特征线 AA' 与节点线 $x = x_M$ 的交点。设 C 点的气流是亚声速的或声速的。则节点 C 处的边界条件为

$$p_C = \max(p_s, p_{amb}) \tag{3-82}$$

式中，p_C 为 C 点压力；p_s 为局部声速区压力。

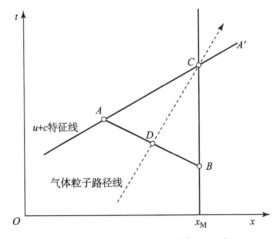

图 3 - 15　亚声速和声速炮口流动

为了确定在节点 C 处的声速和压力，需要获取关于从该节点的炮口流出的质量粒子的信息。因此，需要获取经过 C 的路径线上的一个节点 D 处的函数值。这些值是通过程序中的计算，得到的在节点 A 和节点 B 之间的插值，因此共有 6 个未知数。为了确定这些未知数，除了式（3 - 82），还有式（3 - 74）的 4 个方程，以及一个定义直线 AB 的方程。该方程组由 6 个非线性方程组成，采用迭代法求解。

如果节点 C 处的流动是超声速的（见图 3 - 16），则身管中的条件不受环境条件影响。在这种情况下，炮口节点 C 由节点 A 和 E 之间的差值确定，后者完全由 A 和 B 处的解确定。如果弹丸的初速大于其后方气体的声速，则可以启动超声速流动条件。一旦启动，气流将保持超声速，直到炮管排空，气体的速度降至声速。燃烧气体中的典型声速为 $1.0 \sim 1.5\ \text{km/s}$。通常，对于高初速火炮，可以观察到上述超声速炮口流动。

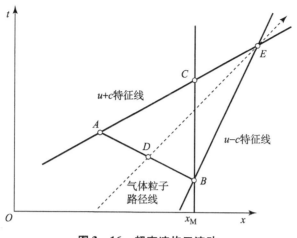

图 3 – 16　超声速炮口流动

3. 药室与身管间的边界条件

图 3 – 13 中，$x = 0$ 线定义了药室与身管的边界。在药室和身管之间的边界上，流动受到边界两侧条件的影响。因此，边界上节点的计算需要联立求解身管中流动和药室中燃烧的方程。这种情况如图 3 – 17 所示。解在节点 A、B、C 处已知，在节点 D、E 处求解。节点 E 的待定未知数为 t、u、p 和 ρ，节点 D 的待定未知数为 z、E、m、V。

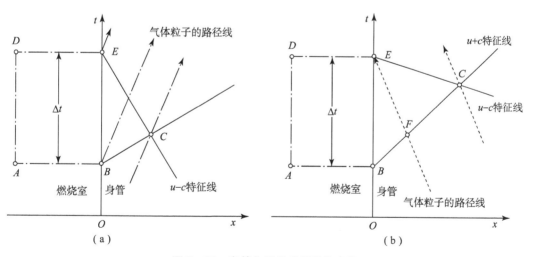

图 3 – 17　身管入口处为正流和负流

（a）正流；（b）负流

假设两个节点的 t 值相同，总共有 8 个未知数。沿药室路径 AD，有 4 个方程，即式（3 – 75）；沿马赫线 CE，有 2 个方程，即公式（3 – 74）的第三和第四方程。假定流动参量在边界 $x = 0$ 上是连续的，则可以获得 2 个缺失方程。存在两种情况：从药室流入身管和反向流动（由于药室后部是开放的，在无坐力炮中，会出现反向流动）。

3.6.4　推力和反冲量计算

在无坐力炮发射过程中，其受到的推力包括向后流动通过喷管出口的推力 F_{E}，喷管内气流的推力 F_{N}，药室中气流的推力 F_{C}，身管入口（$x=0$）和弹丸或炮口之间的气流的推力 F_{B}，弹丸运动或炮口流动的推力 F_{P}。则总推力 F 为

$$F = F_{\mathrm{E}} + F_{\mathrm{N}} + F_{\mathrm{C}} + F_{\mathrm{B}} + F_{\mathrm{P}} \qquad (3-83)$$

下面对各推力的计算进行描述。在算法中，计算推力是基于非定常流动的动量定理。根据这个定理，作用在系统上的外力的合力可以表示为

$$\vec{F} = \int \frac{\partial}{\partial t}(\rho \vec{u})\,\mathrm{d}V + \oint \rho \vec{u}(\vec{n}\cdot\vec{u})\,\mathrm{d}S + \oint p\vec{n}\,\mathrm{d}S \qquad (3-84)$$

积分分别在控制体及其边界上进行，$\vec{n}$ 是垂直于控制体表面并指向外的单位向量。合力在轴向（x 方向）的分量是

$$\vec{F}_x = \int_{x_{\mathrm{E}}}^{x_{\mathrm{M}}} \frac{\partial}{\partial t}(\rho u) A\,\mathrm{d}x - \int_{A_{\mathrm{E}}} (\rho_{\mathrm{E}} u_{\mathrm{E}}^2 + p_{\mathrm{E}} - p_{\mathrm{amb}})\,\mathrm{d}S + \int_{A_{\mathrm{M}}} (\rho_{\mathrm{M}} u_{\mathrm{M}}^2 + p_{\mathrm{M}} - p_{\mathrm{amb}})\,\mathrm{d}S$$
$$(3-85)$$

用锥形喷管的流量近似喷管流量，并在球冠上以恒定流量值积分，可以得到向前的推力 F_{E}，即

$$F_{\mathrm{E}} = A_{\mathrm{E}}(\rho_{\mathrm{E}} u_{\mathrm{E}}^2 + p_{\mathrm{E}} - p_{\mathrm{amb}}) \qquad (3-86)$$

假设在弹丸发射喷管的流动为稳定流动，那么在喷管内部产生的力为 0，即

$$F_{\mathrm{N}} = 0 \qquad (3-87)$$

根据定义，药室内气体流量对总推力的贡献为

$$F_{\mathrm{C}} = -\int_{-l}^{0} \frac{\partial}{\partial t}(\rho u) A\,\mathrm{d}x \qquad (3-88)$$

l 是药室的长度。药室中的气体状态由气体的总质量和能量表示。假设气流的动量随两个开口之间的位置线性变化，则

$$F_{\mathrm{C}} = \frac{1}{2}\left[A_1 \frac{\mathrm{d}}{\mathrm{d}t}(\rho_1 u_1) + A_2 \frac{\mathrm{d}}{\mathrm{d}t}(\rho_2 u_2) \right] \qquad (3-89)$$

式中，下标 1 和 2 表示两个腔室开口处的位置。

身管内的气流产生的力为

$$F_{\mathrm{B}} = -\int_{0}^{x_{\mathrm{PM}}} \frac{\partial}{\partial t}(\rho u) A\,\mathrm{d}x \qquad (3-90)$$

式中，$x_{\mathrm{PM}} = \min(x_{\mathrm{P}}, x_{\mathrm{M}})$。

推力公式的最后一部分 F_P 可以定义为

$$F_P = -\int_{x_P}^{x_M} \frac{\partial}{\partial t}(\rho u) A \mathrm{d}x - \int_{A_M}(\rho_M u_M^2 + p_M - p_{amb})\mathrm{d}S \qquad (3-91)$$

假设弹体前面的空气流速为 0，弹丸前面的压力是环境压力，空气速度是 0，弹丸在身管内仅有第一个积分项；当弹丸出膛后，第一个积分项消失。结合弹丸的运动方程，得出 F_P 的最终表达式

$$F_P = \begin{cases} -A_P(p_P - p_{amb}) + f_P \mathrm{sgn}\, u_P & x_P < x_M \\ -A_M(\rho_M u_M^2 + p_M - p_{amb}) & x_P \geqslant x_M \end{cases} \qquad (3-92)$$

3.6.5　噪声分析

无坐力炮在射击过程中，喷管后流产生的噪声是其重要性能参数之一。因此，对这种噪声进行分析是十分必要的。在本节中，将推导出估计噪声的公式。"噪声"的声运动通常定义为一些较大的稳态概念的一阶扰动，这个定义的结果是紊流运动、激波和其他非线性效应，被排除在声学理论之外。同时，可以把弱冲击当作声波来处理。显然，在这种情况下，到噪声源的距离必须足够大，以确保冲击是"微弱的"。可以假设基于线性声学理论的理论噪声估计在这些或更大的距离上是有效的。类似地，湍流的远场声学效应已经在线性理论中处理。

一旦估算出远场的声强或辐射压力，就可以将结果外推到近场，从而在标称距离上得到相应的值。当到源的距离减小到非线性效应不可忽略的值时，这种外推自然会变得不那么精确。此外，在非常接近强源的点上，相应的流动现象本质上是非线性的，甚至没有"噪声"的定义。其原因是，如果干扰很小，那么"噪声"是一种生理感觉，与上述线性声学的定义密切相关。对于大扰动的流场，相应的生理感觉的物理量定义是未知的。因此，例如，射手耳朵的"噪声"水平只能在声音强度很小的情况下从理论上确定。在无坐力炮的情况下，射手的耳朵通常处于非线性流动区域，在这里没有"噪声"的定义。

同时，远场噪声定义良好，可以对所有武器和距离进行估计。不同设计武器的响度可以通过计算距离喷管 1 m 处的声级来比较。可想而知，射手即使处于非线性流动区域，也不会受到远场声强较低的武器的干扰（或损害）。本节将推导的远场公式大多基于文献 [9]，其中详细讨论了线性声学理论及其局限性。

让周围的空气处于静止状态，让空气中的声学变化是等熵的，得到了压力变化和密度变化之间的关系是

$$P - P_0 = c^2(\rho - \rho_0) \qquad (3-93)$$

式中，c 为声速。

假设空气可以被认为是一种理想气体，声速表达式为

$$c = \sqrt{\gamma \frac{P_0}{\rho_0}} \qquad (3-94)$$

平面声波中的声压 $P - P_0$ 具有一般的形式

$$P - P_0 = f(ct - \vec{n} \cdot \vec{y}) \qquad (3-95)$$

式中，$\vec{n}$ 是垂直于波前的单位矢量；$\vec{y}$ 是位置矢量。

如果压力已知，则相应的密度扰动 $\rho - \rho_0$ 可由式（3-93）计算，声速公式如下：

$$\vec{u} = \vec{n} \frac{1}{c\rho_0} f(ct - \vec{n} \cdot \vec{y}) = \vec{n} \frac{P - P_0}{c\rho_0} \qquad (3-96)$$

式中，$c\rho_0$ 为介质的声阻抗。

声强矢量（能量流矢量，单位为 $W \cdot m^2$）为

$$\vec{I} = (P - P_0)\vec{u} = \vec{n} \frac{1}{c\rho_0} (P - P_0)^2 \qquad (3-97)$$

因此，可以计算声强。如果有一个估计的声压，则有声源的介质中声压的波动方程为

$$\Delta P - \frac{1}{c^2} \cdot \frac{\partial^2 p}{\partial t^2} = -\frac{\partial \wp}{\partial t} - \frac{\gamma - 1}{c^2} \rho \frac{\partial q}{\partial t} + \operatorname{div}\vec{F} + \sum_{i,j} \frac{\partial^2 (\rho v_i v_j)}{\partial x_i \partial x_j} \qquad (3-98)$$

式中，Δ 为拉普拉斯算子；$\wp$ 为质量增加率，$kg \cdot s^{-1} \cdot m^{-3}$；$\rho$ 为密度，$kg \cdot m^{-3}$；q 为单位质量热增加率，$J \cdot kg^{-1} \cdot s^{-1}$；$\vec{F}$ 为外部的力，$N \cdot m^{-3}$；$\rho v_i v_j$ 为速度为 $\vec{v}$ 的未扰动流的雷诺应力张量，$N \cdot m$。

在无坐力炮的情况下，扰动是由燃烧气体通过喷管的大量流出引起的。在这种情况下（即源应力 $\neq 0$ 的情况下），式（3-98）右边的第三项和第四项可以忽略（被忽略的术语是所谓的"偶极子"型和"四极子"型声源）。还假定热源项可以忽略不计。

利用基尔霍夫延迟势公式（Kirchhoff's retarded potential formula），剩余质量源项对声压的贡献可以表示为

$$P - P_0 = \frac{1}{4\pi} \int \frac{1}{n} \cdot \frac{\partial \wp}{\partial t} \left(t - \frac{n}{c} \right) dV \qquad (3-99)$$

式中，n 为源点与场点之间的距离。

如果声源集中在一个具有源强度为 w（单位为 $kg \cdot s^{-1}$）（"单极子"型）的点，则声压公式（3-99）变为

$$P - P_0 = \frac{1}{4\pi n} \cdot \frac{\partial}{\partial t} w\left(t - \frac{n}{c}\right) \tag{3-100}$$

这种声源的声强与式（3-97）和式（3-100）有关

$$I = \frac{1}{c\rho_0} \cdot \frac{1}{16\pi^2 n^2}\left[\frac{\partial}{\partial t} w\left(t - \frac{n}{c}\right)\right]^2 \tag{3-101}$$

这相当于式（3-102）声源输出的声功率（单位为 W）。

$$P(t) = \frac{1}{4\pi c\rho_0}\left[\frac{\partial w(t)}{\partial t}\right]^2 \tag{3-102}$$

式（3-101）和式（3-102）可用于估算无坐力炮产生的远场噪声，条件是源强度 $w(t)$ 已知。由于在推导公式时没有考虑两种不同介质的温度和其他特性，因此不能简单地将源强度假设为通过喷管的质量流量。为了估计注入空气中的外来气体所占体积的变化，还需要对介质间的相互作用作额外的假设。

设 $\bar{\rho}$ 为在（膨胀）控制体积内的外来气体的平均密度。由注入额外气体而引起的体积变化近似为

$$dV = \frac{dm}{\bar{\rho}} \tag{3-103}$$

与喷管出口面积大小无关。

用乘法来计算周围空气的质量增加。体积 dV 随周围空气密度的减小而增加，设密度为 ρ_a，则对应的源强度为

$$w = \rho_a \frac{dm}{dt} \cdot \frac{1}{\bar{\rho}} \tag{3-104}$$

ρ_a 的第一近似值是环境密度 ρ_0。这种近似值被建议用于估计汽笛和脉冲喷气发动机的声音强度。目前，在涉及非常高的出口压力时，这种近似可能不够。特别是，当 $\rho_a = \rho_0$ 时，声强与喷管大小无关，这与观测结果相反。因此，建议采用近似方法

$$\rho_a = \rho_0 \left(\frac{P_E}{P_0}\right)^{\frac{1}{\gamma}} \tag{3-105}$$

式（3-105）对应的假设是，控制体积表面的压力等于出口压力 P_E（或者，如果只关心不同喷管的相对声强，则压力与 P_E 成正比）。

近似为式（3-105）时，源强度为

$$w = \rho_0 \frac{1}{\bar{\rho}}\left(\frac{P_E}{P_0}\right)^{\frac{1}{\gamma}} \frac{dm}{dt} \tag{3-106}$$

为简便起见，可以用 ρ_s 来近似 $\bar{\rho}$，即用声速密度（这样的近似当然是合理的，因为喷出物既有超声速部分，也有亚声速部分）。同样，只要我们仅对喷管

的相对性能进行关注，近似的准确性无关紧要。$\mathrm{d}m/\mathrm{d}t$ 的值为

$$\frac{\mathrm{d}m}{\mathrm{d}t} = u_\mathrm{s}\rho_\mathrm{s}A_\mathrm{T} \tag{3-107}$$

式中，u_s 为假设存在于喉部的声速；A_T 为喉部面积。结合式（3-106）和式（3-107）最终得到

$$w(t) = \rho_0 u_\mathrm{s} A_\mathrm{T} \left(\frac{P_\mathrm{E}}{P_0}\right)^{\frac{1}{\gamma}} \tag{3-108}$$

将式（3-108）代入式（3-102），得到武器的声功率输出

$$P(t) = \frac{\rho_0}{4\pi c}A_\mathrm{T}^2\left\{\frac{\partial}{\partial t}\left[\left(\frac{P_\mathrm{E}}{P_0}\right)^{\frac{1}{\gamma}}u_\mathrm{s}\right]\right\}^2 \tag{3-109}$$

在距离 n 处对应的声强（单位为 $\mathrm{W}\cdot\mathrm{m}^{-2}$）为

$$I(t,n) = \frac{1}{4\pi n^2}P\left(t - \frac{1}{c}n\right) \tag{3-110}$$

更常见的是强度水平和声音响度级，它们的定义如下。

（1）强度水平（dB）：

$$\mathcal{J} = 10\lg\frac{I}{I_0} \tag{3-111}$$

式中，I_0 通常认为是 $10^{-12}\ \mathrm{W}\cdot\mathrm{m}^2$。

（2）声音响度级：

$$\mathcal{L} = 10\lg\frac{I}{I_{0L}} \tag{3-112}$$

式中，$I_{0L} = 10^{-12}\ \mathrm{W}\cdot\mathrm{m}^2$。进而 $\mathcal{J} = \mathcal{L}$。这些限制随着频率、持续时间、空气温度等而变化很大。

噪声强度是使用式（3-95）从压力测量中计算出来的，表示为

$$N_\mathrm{dB} = 20\lg\frac{|P - P_0|}{P_\mathrm{ref}} \tag{3-113}$$

参考压力 $P_\mathrm{ref} = 2\times10^{-5}\ \mathrm{Pa}$。

如果介质的声阻抗 $c\rho_0$ 为 $400\ \mathrm{N}\cdot\mathrm{s}\cdot\mathrm{m}^{-3}$（通常为空气假定值），则式（3-111）和式（3-113）的定义是相同的。

基于式（3-113）的噪声测量仅限于线性声学理论。如果观测是在一个非线性扰动区域内进行的，那么结果应该称为"相对超压"，而不是"噪声强度"，原因在本节开始时已经解释了。武器的响度有时用一个数字来表示，这个数字也称"噪声强度"，单位为 dB。通常该数值是使用式（3-113）从压力测量中计算出的最大强度。

3.6.6 计算实例：90 mm 无坐力炮

本节将介绍使用上述方法进行内弹道计算的例子，讨论大口径无坐力炮的典型结果，定性地正确建模在武器发射期间发生的各种物理现象，说明在复杂物理系统的数学建模中遇到的典型问题。不能直接测量的量必须作为自由参数输入数值模型。为了使系统的实测响应与计算响应一致，必须对这些参数进行猜测和调整。如果涉及多个自由参数，那么它们的最终数值可能非常不准确，因为对一个量的不良估算可能会影响对其他未知量的估算。如果模型正确地模拟了物理规律，那么即使在定量上，结果对参数变化的敏感性通常也是正确的（对实验数据进行纯数值拟合可能会在观测范围内准确地再现实验结果，一般而言，研究超出这些范围的参数变化的影响是无用的）。

此计算的输入参数如表 3-7 所示。本例中，假设推进剂的燃烧面是恒定的，其弧厚为 0.53 mm（最大回归距离 = 0.265 mm）。表 3-7 中的第一列描述了武器的几何形状，第二列描述了发射药基本参数，第三列为弹丸和身管的相关参数。因所举案例为滑膛炮，光洁度一般为 ▽7 ~ ▽8，摩擦力远小于推力，可忽略不计身管阻力和摩擦系数。内弹道时间一般小于 10 ms，身管温度在短时间无法影响内弹道性能，因此可忽略。

表 3-7 某 90 mm 滑膛无坐力炮计算参数

武器几何参数		发射药		弹丸和身管	
身管直径/m	0.09	发射药密度/kg·m^{-3}	1605.4	质量/Kg	3
身管长度/m	0.82	火药力/kJ·kg^{-1}	1.12×10^5	启动压力/MPa	7.0
药室体积/m^3	2×10^{-3}	火焰温度/K	3 300	身管阻力/N	0
药室长度/m	0.3	燃烧规律系数 $\alpha/(m \cdot s^{-1} \cdot Pa^{-1})$	1.4×10^{-8}		
喷管开启压力/MPa	7.0	燃烧规律指数 n	0.9	摩擦系数	0
喉部直径/m	0.076	发射药厚度 2e/mm	5.3×10^{-4}		
喷管角度/(°)	18	火药形状	多孔粒状药		
面喉比	4	火药质量/kg	0.55		

图 3-18 显示了 90 mm 无坐力炮的速度随时间的变化。当弹丸启动和喷管同时打开时，火炮内部的运动大约在 0.6 ms 开始。在这个例子中，启动条件是药室内压力超过 7 MPa。喷喉流量在喉道打开后瞬间，调整到相应的声速值（约 1 125 m/s

的气速）。弹丸的速度和气体从药室流入身管的速度逐渐增加。后者大于前者，直到大约 3.3 ms 时，药室中达到峰值压力；大约 3.6 ms 时，燃烧完成。这意味着药室中的质量源已关闭。随后进入身管的气体速度迅速下降，导致流动逆转。在喉道处可以得到相应的，但不那么显著的速度降。随后，进入炮管内的流速发生了振荡。无坐力炮在燃尽后会出现流动反转和流速振荡。正确地建模这些现象是重要的，因为它们影响武器的推力补偿，在后面显示。在 5.5 ms 时，炮弹到达炮口，随后炮口流速自动调整到相应的声速（1 087 m·s^{-1}）。这种调整的结果是增加了大约 6 ms 从药室进入身管的流量。随后，武器通过两端进行排空，在药室和身管之间发生流速的小振荡。

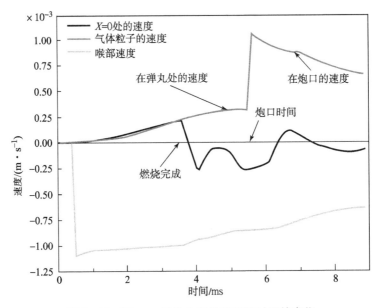

图 3-18　90 mm 无坐力炮的速度随时间的变化

　　图 3-19 显示了燃烧产物质量随时间的变化。约 90% 的燃烧产物通过喷管向后排出。

　　图 3-20 显示了 90 mm 无坐力炮中药室内压强和弹底压力/炮口压力（虚线为弹丸底部压力和在弹丸出膛后炮口的压力）随时间的变化。在完全燃烧后，药室压力并不总是大于弹丸底部的压力。本例中，这是药室通过其后开口快速排气的结果。然而，即使在闭式传统火炮中，燃烧完后也可能出现类似的现象。这种现象可能没有意义，因为火炮内的压差始终很小。当弹丸离开炮口时，炮口压力会根据大气压力自行调整（4.6 MPa）。在调整之前，可以在 4.5 ms 处观察到一个小的压力振荡。它对应于身管内的速度振荡。

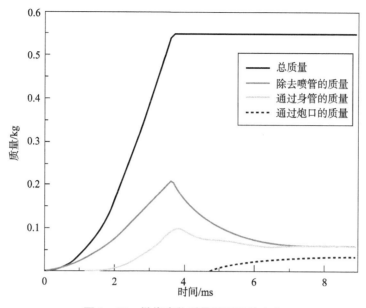

图 3 - 19　燃烧产物质量随时间的变化

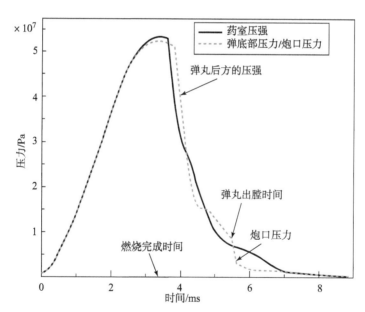

图 3 - 20　90 mm 无坐力炮中弹丸底部的压力及药室压力随时间的变化

图 3 - 21 显示了 90 mm 无坐力炮的推力组成及不同喷管对应的总推力曲线放大图。图中分别绘制了与总推力不同组成部分相对应的曲线,以便武器设计者能够理解它们的相对重要性。不同喷管对应的总推力曲线放大图如图 3 - 21 (b)所示。图 3 - 21 (a) 只绘制了一条总推力曲线,说明了推力补偿的有效性,总推力曲线为"弹丸与气体的推力"与"面喉比为 1.8 喷管产生的推力"曲线之

和。结果表明，面喉比为 1.8 的火炮总冲量与未补偿（闭膛）火炮的冲量相比可以忽略不计。然而，对于等效闭膛炮（见图 3-21 中"弹丸与气体的推力"曲线），最大推力从大约 350 kN 下降到大约 60 kN。

图 3-21 的推力曲线反映了无坐力炮推力组成的一些重要和典型特征。通常，在推力计算中，使用标记为仅射弹的曲线，并试图通过将其与喷管的其中一条推力曲线匹配来进行补偿。弹丸的推力曲线通常是平滑的（因为弹丸的惯性质

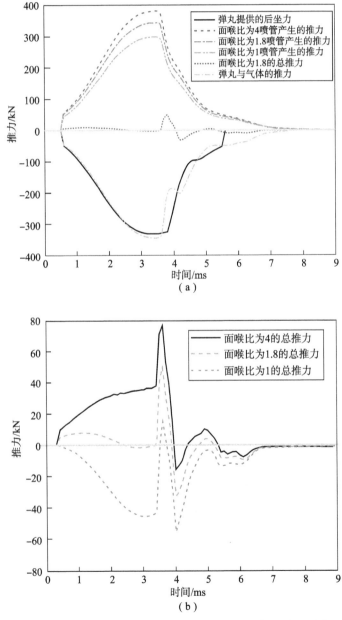

图 3-21　90 mm 无坐力炮的推力组成及不同喷管对应的总推力曲线放大图（附彩插）

（a）90 mm 无坐力炮的推力组成；（b）不同喷管对应的总推力曲线放大图

量很大），它在炮口时间（本例中为5.5 ms）减少到0。如果把气体的加速度考虑在内，就会得到直到完全燃烧时的推力曲线，这与射弹曲线图只有很小的不同。然而，在完全燃烧后，气体的加速和减速对推力曲线有明显的影响。同样，在炮口时间过后，炮口打开可以起到另一个喷管的作用，产生一个后推力。这些影响的结果是，总推力在完全燃烧后不能得到完全补偿，因为后方喷管的推力具有抑制流动的相对平滑的轮廓结构。如果弹丸启动压力等于喷管打开压力，就可以实现总推力补偿，这一主张通常是不正确的。

图3-22显示了不同面喉比下的噪声强度估计值。曲线显示了增加出口面积比降噪的预期效果。显然，如果设计一个大的出口面积比（和相应的较小的喉道面积），可以减少后流产生的噪声。这样的设计也使推进剂的使用更加经济。图3-22中曲线上的两个峰是无坐力炮的典型特征。噪声强度基本上与质量流的时间导数成正比。因此，它在质量流量变化较大的地方有峰值，即喷管打开时和完全燃烧时。曲线中的后一个峰值可以通过相应设计推进剂的几何形状来减少。

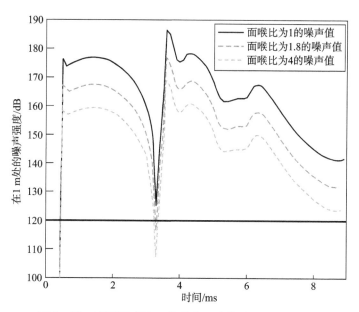

图3-22 不同面喉比下的噪声强度估计值（附彩插）

总推力的正负峰值（由完全燃烧后气体的加速引起），对身管的稳定性有不利影响。因此，为了提高射击精度，无坐力炮在设计时应使炮口时间与燃烧结束时间很好地分开。当缺乏稳定性影响瞄准精度时，燃烧最好在炮口时间后结束。任何情况下，在火炮的设计中应考虑可能存在相当大的剩余力（本例中为60 kN）。喷管打开时，初始推力有一个非零的小跳跃。如果弹丸的启动时间不等于喷管的打开时间，那么最初也可能产生很大的推力振荡，同样对武器的稳定性有不利影响。最后，推力曲线还取决于发射药的几何形状，最大总推力（或总冲量）的减少可以通过适当的几何设计来实现。

在 t 为 3.0 ms、4.0 ms、5.0 ms、6.0 ms 和 7.0 ms 时，90 mm 无坐力炮的压力、气体速度、密度和温度分布如图 3-23 所示。燃烧在 3.6 ms 完成，炮口时间为 5.5 ms。图 3-23（a）所示的压力曲线显示了炮管内压力梯度由负向正的典型变化。假设在药室前后开口之间的线速度变化和药室的绝热条件，计算药室内的压力剖面（$x = -0.3$ m 和 $x = 0$ m 之间）。对于曲线 $t = 3.0$ ms，药室内最大压力在插入速度为零的地方得到。由于所有其他剖面（除 $t = 7.0$ ms 外）在药室内的速度完全为负，因此相应的药室内压力曲线没有最大值。图 3-23（a）表明，一般情况下，身管内的压力几乎是恒定的。

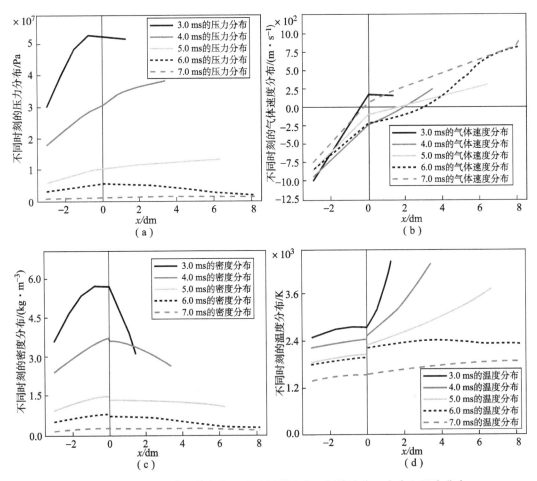

图 3-23　90 mm 无坐力炮在不同时刻的压力、气体速度、密度和温度分布

（a）90 mm 无坐力炮在不同时刻的压力分布；（b）90 mm 无坐力炮在不同时刻的气体速度分布；
（c）90 mm 无坐力炮在不同时刻的密度分布；（d）90 mm 无坐力炮在不同时刻的温度分布

不同时刻的气体速度分布如图 3 - 23（b）所示，在身管内，它们接近线性。有趣的是，火药燃尽（$t > 3.6$ ms）后，零速度位置漂移到身管中。从 $t = 6.0$ ms 和 $t = 7.0$ ms 曲线可以看出，弹丸到炮口时间（5.5 ms）后，炮口处的速度增加，并形成了相应的膨胀扇形区。图 3 - 23（c）显示了不同时刻的密度分布，曲线显著地偏离了身管内的恒定密度。许多内弹道计算都假定密度不变，显然，完整的控制方程的解并不支持经典内弹道的假设。在 t 为 4.0 ms、5.0 ms 和 6.0 ms 时，密度分布在药室入口处有一个不连续（$x = 0$）。这与本书考虑的内弹道模型是一致的，因为对于该模型和后效性来说，药室入口是一个接触面。图 3 - 23（d）所示的不同时刻的温度分布是由相应的压力和密度分布得到的。由于压力相对恒定，因此得到的高温对应的密度是低的。

和测试结果相比，实际还存在更复杂的因素，需要进一步发展相关理论。

3.7　无坐力炮点传火系统设计

发射药的点火基本上是通过对发射药药粒表面的加热实现的。这种加热的过程通常是通过将发射药包容在炽热的气流中来实现的。当药粒的表面温度达到一定值 T_i（点火温度）时，即发生有效的点火。加热过程的时间和加热的速度是达到这一临界温度的重要因素。如果加热的时间太短、加热速度太慢，那么点火是不稳定的，也许会发生有效的点火，也可能发生瞎火。如果发生点火，也是在经历一个不定的时间延迟之后发生的。点火系统的作用是产生足够的热能和反应时间的炽热气体，以保证发射药装药有效和点火均匀。

发射药药粒之间和药粒里面都有气隙，由点火系统产生的炽热气体通过这些气隙将药粒表面加热到点火温度。理论上，点火系统要能保证发射药装药的全部表面同时开始燃烧。然而实际上，点火具的气体并不是同时达到所有的装药表面，而且可能根本不能同时达到某些装药表面。另外，气体通过发射药装药会被冷却而对较远的药粒点火不可能保持足够的热能。

无坐力炮在炮尾装有喷管，射击时有大量火药气体从炮尾流出，依靠火药气体的反作用力降低了由于后坐施加在炮架上的载荷，从而大大降低了整个武器的质量，因此大量气体流出，即成为无坐力炮弹道上的一个突出特点，这个特点必然反映在装药结构上。

①由于有大量火药气体流出，因此无坐力炮大都属于低压火炮。在低压下为了保证火药能够正常燃烧，无坐力炮都有特殊的点火系统，而且所用的点火药量比同口径一般火炮要多很多，如表 3 - 8 所示。

表 3-8　无坐力炮点火药量

火炮	点火药量 ω_0/g	发射药		ω_0/ω/%
		型号	质量 ω/g	
65 式	45	双带 0.9×5×150	530	8.1
苏 σ-10（82）	60		845	7.1
苏 σ-11（105）	120		2 450	4.9
捷 T-21（82）	26		460	5.7
75 无	20		1 190	1.7
78 式 82 无	26		600	4.3

注：火炮内容里包含的"无"字是无坐力炮的简称。

②在火药气体大量流出时，也携带着大量未燃完的药粒一起流动，因此无坐力炮装药结构上还应当考虑减少火药流失即所谓挡药的问题。

③因为大量气体从炮尾流出，用于推送弹丸做功的火药气体只是一部分，所以与初速相同的一般火炮相比装药量大约多出两倍。

④在装药结构上应当保证有足够的压力时火药气体才开始流出，即有一定的喷口打开压力。

⑤为适应低压的弹道特点，无坐力炮多采用高热量、高燃速的单基多孔火药或是双基带状火药。

无坐力炮装药点火方案主要有底部点火和中心点火两种，而中心点火也是从底部开始的。早先，火炮装药基本采用底部点火，底部点火实际上就是在装药底部放置一个黑火药包。因此底部点火的首要问题是确定黑火药量，至于它的结构，一般比较简单，只是两个同心圆构成一个装药装置而已。

无坐力炮装药有以下两种典型的情况。

①1957 年式 75 mm 无坐力炮是属于具有多孔药筒型线膛无坐力炮的典型情况，如图 3-24（a）所示。

1957 年式 75 mm 无坐力炮的装药由 9/14 高钾硝化棉火药组成，火药全部装在一个有许多小孔的药筒内，药筒内有一层用牛皮纸做的纸筒。装药点火系统是由底-1 式底火和装有 20 g φ3~5 mm 黑火药的传火管组成。射击时首先击发底火，点燃传火管的黑火药，点火药气体从传火管小孔喷出点燃发射药，达到一定压力后，火药气体冲破纸筒从小圆孔流入药筒外面的药室，然后通过药室底部的喷管流出炮尾。其点火系统的主要特点是用杆状点火具来加强点火；火药气体冲破多孔药筒内纸筒的压力就是喷口打开压力，因此可以用纸筒的厚度和药筒的孔径来控制这个压力，1957 年式 75 mm 无坐力炮药筒的小孔直径为 6.35 mm，一共 990 个，总面积为 315.53 cm²；多孔药筒的主要目的是起挡药作用。因此这类无坐力炮火药流失量较少，弹道比较容易稳定，但炮尾结构尺寸较大，使用不方便。

②1965 年式 82 mm 无坐力炮是尾翼稳定滑膛无坐力炮的典型，如图 3-24（b）所示。

1965 年式 82 mm 无坐力炮的炮弹是尾杆、尾翼稳定形式，因此它的弹形很像一个迫击炮弹，而其装药结构也像一个迫击炮的全装药。在尾杆内安放有装药的点火机构，点火药采用大粒黑火药，放在纸管内，组成点火管。尾管上开有传火孔。发射药采用双带 425×150 火药，放在丝制的药包内，绑扎在稳定管上。在药包下方靠近弹尾的尾翅上有一个塑料制的挡药板。而在尾翅下部又有一个塑料制的定位板，射击后火药气体有一定压力时，打碎定位板从喷口流出，这就相当于喷口打开压力。这种装药结构的无坐力炮比 1957 年式 75 mm 无坐力炮的药室结构要紧凑得多，全炮更轻便，但火药流失较大，弹道性能不容易稳定。

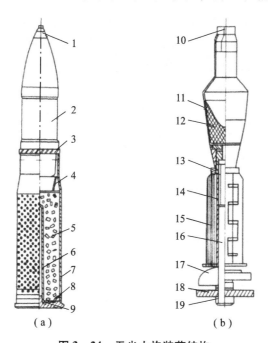

（a）　　　　　　　（b）

图 3-24　无坐力炮装药结构

（a）1957 年式 75 mm 无坐力炮装药结构；（b）1965 年式 82 mm 无坐力炮装药结构

1—引信；2—弹体；3—弹带；4—纸筒；5—发射药；6—传火管；7—药筒；8—药包布；9—底火；

10—防滑帽；11—药形罩；12—炸药；13—尾管；14—传火孔；15—药包；

16—点火管；17—尾翼；18—定位板；19—螺盖

点传火方式有两种。一种是中心点传火结构，点火药量很大。例如，类似于美国 105 mm 和中国的 65 式、40 火，低压中心管点火，压力为 30～40 MPa。药室比较大，装填比例偏低，问题是质量偏重；78 式 82 mm 无坐力炮采用高压中心管点火，点火压力 60 MPa，提高了点火效率。装填比例高，药室压力高，药室体积小。通常采用黑火药。

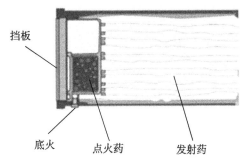

图 3 - 25　"古斯塔夫" M4 无坐力炮底部点传火结构

另外一种是瑞典的"古斯塔夫" M4 无坐力炮采用的底部点传火结构（见图 3 - 25），是低压高热量点火。其特点是装填比例高、药室小、结构紧凑、效能高。其点火药采用 5 g 的硼/硝酸钾和 10 g 的 JK6B 火药混合构成的底部点火药，实现底部低压高热量点火。

3.7.1　基本设计知识

为了设计最有效的点火系统，必须明确武器、弹丸和发射药装药的相应特性。对设计者来说，最重要的是发射药的成分、燃烧速度、药壁厚和药包的外形尺寸。这些因素通常受到武器系统的要求和弹丸速度、加速度、武器强度以及烧蚀特性的限制。因此，由于下列一些考虑，在这个基础上选取的包装从有效点火这一观点来看可能远远不是最佳的。

①不同成分的发射药在点火温度和冷却效应上是不一样的。

②燃烧速度系数反映发射药保持燃烧的能力。在低压力下燃烧速度系数越高，则燃烧越迅速。

③发射药药粒尺寸和药壁厚度的控制如下：

a）点火气体传播的自由空间值；

b）呈现给点火气体的表面面积。

④相对于长度来说，直径较大的装药点火较困难。

这些因素对点火可靠性的总体影响不可能作出数值上的估计。同时，对一种系统的技术研究也不可能必然地适用于未来的研制工作。因此，对任何特殊无坐力炮武器系统可能都需要完整的点火系统研究。

点火系统作为内弹道阶段的一个重要部件，具有以下四个一般特性。

①点火系统应该能够将足够的能量转移到推进剂区域，以确保推进剂有规律地燃烧，并在点火系统的影响不再很大后继续燃烧。能量传递到推进剂的最理想机制的细节还不能完全规定。

②适用于武器系统的许多其他部件以及点火系统的特性是规律性或可重复性。这一特性仅仅意味着某一特定类型的点火系统在每次点火时都尽可能地符合

某种设定的模式。

③火炮装药中的所有推进剂几乎同时点燃。尽可能同时进行，然而能量的同时释放在大多数情况下是不可能实现的。

④能量在推进剂区域的对称释放，经常被接受作为在实践中无法实现的同时性的替代。

3.7.2　点火药量估算

武器系统合膛结构确定之后有最佳的点火药量。点火药量过多或过少，都会增大内弹道最大膛压 p_m 和初速 v_0 的跳动。合适的点火药量要由射击试验确定，以保证整个装药在高温（ +50 ℃）、常温（ +20 ℃）和低温（ -40 ℃）下的弹道性能足够稳定和有较大的充满系数为标准。起始的点火药量可用如下的经验公式估算[4]：

$$\omega_i = (2 + K_i)\frac{\chi q_0 \omega}{2e_1\delta Q_i} \qquad (3-114)$$

式中，K_i 为考虑装药结构特点的经验系数（有孔药筒式装药：$K_i = 0 \sim 0.2$。药包式装药：用高压点火管点火时，$K_i = 0.2 \sim 0.6$；用低压点火管点火时，$K_i = 0.4 \sim 1.0$）；q_0 为点燃单位面积火药表面所需的热量（有孔药筒式装药：$q_0 = 1 \sim 1.5\ cal^① \cdot cm^{-2}$；药包式装药：$q_0 = 1.5 \sim 2.0\ cal \cdot cm^{-2}$）；$\chi$ 为火药药形系数；ω 为火药质量，g；$2e_1$ 为火药厚度，cm；δ 为火药密度，$g \cdot cm^{-3}$；Q_i 为点火药爆热，$cal \cdot g^{-1}$。

初步确定点火药量 ω_i 之后，可用式（3-115）估算点火药在火炮药室内产生的最大点火压力 p_{im} 为

$$p_{im} = \frac{K_c\omega f_i}{W_0 - \dfrac{\omega}{\delta}} \qquad (3-115)$$

式中，K_0 为考虑炮膛和装药结构特点的系数，$K_0 = 0.5 \sim 0.8$，点火药燃烧迅速和喷孔打开压力大时取大值；f_i 为点火药的火药力；W_0 为火炮药室容积。

p_{im} 一般不宜小于 50 kg/cm^2。

3.7.3　底部点火系统

图 3-26 所示是点火药位于硬塑料盒中的典型点火盒结构。通过侧击发把点

---

① 1 cal = 4.186 8 J。

火药引燃后，点火药气体冲破点火盒顶部的防潮锡箔片，流入药筒把装药点着。点火盒黏结在药筒顶部的密封盖上。当药筒内的压力达到一定时，将密封盖冲碎。这时，装药的气体经药筒底上的孔从喷管流出。

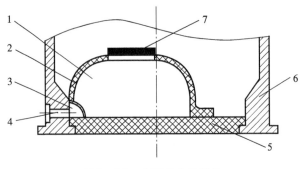

图 3 - 26　典型点火盒结构

1—点火药；2—点火盒；3—引燃剂；4—底火；5—封口板；6—药筒；7—防潮锡箔片

3.7.4　中心点火系统设计

对于点火管中心点火系统（见图 3 - 27），人们通过广泛采用，确实积累了不少经验，但也有若干难以驾驭的问题。从点火管的材料上看，有金属的，也有非金属的，特别还有用可燃材料制成的。从内部结构上看，有均匀装药的，也有间断装药的，还有采用套筒式装药的。从内部装药品号上看，有粒状黑火药，也有管状药条。

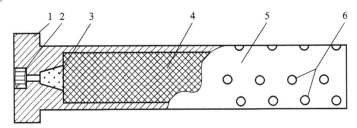

图 3 - 27　典型的中心点火系统

1—底火座；2—击发式底火；3—辅助点火药；4—主点火药；5—点火管；6—传火孔

一般无坐力炮点火系统由三个基本部分组成，包括辅助点火药、主点火药和底火[6]。

1. 辅助点火药

辅助点火药（通常为 FFFG 黑火药）起底火的传火药的作用。由于无坐力炮点火管尺寸比较大，底火常常不能产生充足的火焰以保证主点火药沿其全长有效地点火。在这种情况下，主点火药在一端开始燃烧，燃烧沿点火具进行线性传播。因为黑火药火焰前端的速度大约是 400 m/s，所以点火装药前后两端的发射药药粒之间这种形式的燃烧产生可测的时间延迟。这样就会在药室内形成压力梯度和点火延迟，而使弹道性能的均一性降低。使用辅助点火药可提高底火的有效输出热能，就能大大减少发生这些现象的可能性。FFFG 黑火药比任何使用普通的主点火药更易点火且燃烧得更快，FFFG 黑火药的燃烧迅速产生高速火焰，将有效地点燃主点火药。

2. 主点火药

产生供发射药点火所需要的炽热气体的主点火药，通常是 A1 黑火药。曾经对其他点火材料（如二氧化锆铅或硝酸钡钾等颗粒）进行大量研究工作，虽然这些混合物比黑火药单位种类释放的热量大并且吸湿性低，但由于它们的成本比黑火药改进所花费用高，因此很少采用。不过，在弹丸的外形尺寸或强度要求不允许有足够的主点火药容积容纳必需数量的 A1 黑火药的情况下，使用这些混合物确实是一种获得有效点火的方法。常用的主点火药包括黑火药、硼/硝酸钾等，在迫击炮上也存在使用面条药作点火药，实现大气量点火。

3. 底火座和点火管

点火管点火系统的其他部分是底火座和通常用铅或黄铜制作的有孔点火管。底火座内装有底火和辅助点火药，并用来使点火管固定在药筒内，在尾翼稳定弹中，点火管是弹丸的一部分，底火座起着对弹丸提供运动起点的附加作用。点火管内有主点火药，并有许多按一定图示排列的孔，以控制点火药生成气体对发射药装药的分布。

4. 底火

无坐力炮炮弹使用两种形式的底火，一种为轻武器型，另一种为重武器型。下面详述两种型式底火的特征、优点和缺点。

（1）轻武器型底火

轻武器型底火的特点是装置最小，这种小型装置可将从适当的能源获得的机械能转变为爆燃反应形式的化学能。轻武器型底火由金属底火帽和在底火帽内装有具有撞击敏感性的混合物组成。用纸盖片盖住混合物后，在混合物和纸盖片上将金属火台压入帽内。用适当结构的、端部为半球形的击针撞击在底火帽上，将局部压挤底火帽和火台之间的撞击敏感性混合物，使它爆燃。

这种类型的底火由于尺寸小，因此用作某种形式的机械击发装置和像黑火药这样的点火材料的点火之间的中间环节，是有利的。用机械方法使底火击发引燃是轻武器型底火的一个关键特征，而其他引燃方法，如用电能，常常需要很多更复杂的点火机构，从而使武器系统受到更多的制约。轻武器型底火可以是具有各种化学成分的，这取决于具体应用中所要求的爆发种类、腐蚀效应，以及温度储存性能。虽然轻武器型底火不产生大量的高能气体，以有效地点燃无坐力炮炮弹中的整个发射药装药，但是应用于黑火药这样的材料的点火是有效的。

如果点火序列中应用轻武器型底火，则底火必须在发射药发生点燃之前成功地起爆。虽然轻武器型底火具有非常高的工作可靠性，但是有过这样一些情况，即尽管输入的能量是适当的，但底火却不起作用。经过分析发现，几乎每次都是由于环境温度太高，过度地暴露于高温环境和（或）高湿环境。在装配轻武器型底火时，底火火台尽量深地装到底火壳内，以便达到适当的灵敏程度。装得不合格的底火则必须提高起爆所需要的击发能量。在装底火火台时，如果火台装的位置使底火壳和火台顶部之间的点火药脱落而成空隙，则不管施加在底火上的击发能量有多大，均不起爆。

（2）重武器型底火

重武器型底火在结构上与图 3 - 27 所示的点火系统非常相似，只是不使用辅助点火药。重武器型底火的理想特征或优点即点火管可制成弹药筒所允许的那样长，以便使点火气体径向分布在整个发射药装药上。

在长药筒里发射药装药均匀点火的试验中，发生了在无坐力炮中由于使用一般重武器型底火而带来的问题。对于长的重武器型底火，窄小的点火管内的黑火药装药会限制气体沿有孔的管流动。在没有辅助点火药以产生较高速度的火焰头的情况下，最靠近击发底火的黑火药的点火和点火管端部的黑火药的点火之间有一定的时间延迟。这一时间延迟引起点火管周围的发射药装药相应的不均匀点火。

尽管一般闭式炮尾武器在点火过程可准许较低的压力升，并在弹丸开始运动之前仍有发射药装药的点火，但无坐力炮必须迅速（3 ~ 4 ms）升高到最大压力以确保发射药点火。压力低时，无坐力炮中发射药气体烧穿药筒衬筒并开始透过药筒上的孔流动。如果没有在整个发射药装药发生点火，那么压力损失将导致发射药燃烧较慢，在某些情况下，可能出现药室压力太低而不能将弹丸射出的情况。

5. 中心点火管研究程序

下面所讨论的是已成功地应用于无坐力炮武器点火系统的一般研究程序。大部分的理论实际上是定性的，只可作为点火的相对有效性指南。一种系统的取舍必须依据充分的测量数据，即点火延迟时间的一致性、药室压力和初速。

经实验确定，为了有效点火，每千克发射药大约需要 14.3 g 的黑火药。已知有效点火随点火药装填密度的增大而越加困难，最大允许装填密度为 0.83 g/cm³。因此，通过发射药装药量就能够计算出点火管的最小容积。但是，点火具的长度对于固定尾翼稳定弹则受弹丸尾管长度的限制，对于旋转稳定弹则受药筒长度的限制。

对于固定尾翼稳定弹，在飞行中点火管是弹丸的一部分，由于弹丸的外弹道要求和强度要求，因此点火管的尺寸也可能受到限制。如果这些要求不允许点火管具有所需要的容积，就不可能遵循一般的点火具设计程序，那么就必须研究较高能量的点火材料或更完善的点火系统的可能性，或者重新审查武器系统并对弹丸设计实行修改，以提高点火管容积。

（1）孔径与孔的图式的确定

如前所述，发射药装药必须在尽可能多的表面上同时点火。为此，必须确定点火管的孔径和孔的图式，以很好地达到这一条件。点火管内气体的状态方程为

$$P\left(V - \frac{C_i - N}{\rho_i}\right) = 12(N - N')f \tag{3-116}$$

式中，C_i 为点火药的质量；N 为燃烧所产生的点火气体质量；N' 为从点火管孔流出的点火气体质量；f 为点火药的火药力；ρ_i 为点火药密度。

时间 t 时所产生的点火气体的质量 N_t 为

$$N_t = \rho_i \int_0^t r_i S_i \mathrm{d}t \tag{3-117}$$

式中，r_i 为点火药的线性燃烧速度；S_i 为瞬时点火药的表面积。

应用假设是声速的理想气体等熵流的通用理论，时间 t 时从点火管流出的点火气体质量 N'_t 表示为

$$N'_t = \int_0^t PA_p \left[\frac{gk}{f}\left(\frac{2}{k+1}\right)^{\frac{k+1}{k-1}}\right]^{\frac{1}{2}} \mathrm{d}t \tag{3-118}$$

式中，g 为重力加速度，A_p 为点火管孔的总面积。

对任何给定的点火药的质量，联立式（3-116）、式（3-117）和式（3-118），即得出点火管内压力对点火管孔总面积比的表达式。但是，这种方法太麻烦，而且因为未知项点火气体的分布和热损失是要通过实验来最后确定的点火参数，所以没有必要精确。应用几个相当精确的假设，可以近似得到孔面积，方法如下。

在 $\mathrm{d}t$ 时间间隔内，从点火管流出的点火气体质量 $\mathrm{d}N'_t/\mathrm{d}t$ 对发射药有用的能量可以写成 $c_p T_0 \mathrm{d}N'_t$。因为流动过程是等焓的，所以采用恒压下的点火材料比热容 c_p。在从 $0 \sim t$ 的时间间隔内，对发射药有用的总能量 E_A 为

$$E_A = c_p T_0 \int_0^t \left(\frac{\mathrm{d}N'_t}{\mathrm{d}t}\right)\mathrm{d}t \tag{3-119}$$

将式（3－118）代入，得到

$$E_A = c_p T_0 \int_0^t P A_p \left[\frac{gk}{f} \left(\frac{2}{k+1} \right)^{\frac{k+1}{k-1}} \right]^{\frac{1}{2}} \mathrm{d}t \qquad (3-120)$$

那么假设点火管压力在比较短的点火时间 t_i 内是不变的，在这个时间内，式（3－120）的积分为

$$E_d = c_p T_0 P A_p \left[\frac{gk}{f} \left(\frac{2}{k+1} \right)^{\frac{k+1}{k-1}} \right]^{\frac{1}{2}} t_i \qquad (3-121)$$

在时间 t_i 内将发射药表面升高到点火温度所需的能量为

$$E_R = (c_p \rho k_t t_i)^{\frac{1}{2}} A_s (T_i - T_0) \qquad (3-122)$$

式中，k_t 为发射药的热导率；A_s 为点火药的表面积。

假设点火气体分布均匀并将热损失忽略不计，$E_d = E_R$，则

$$c_p T_0 P A_p \left[\frac{gk}{f} \left(\frac{2}{k+1} \right)^{\frac{k+1}{k-1}} \right]^{\frac{1}{2}} t_i = (c_p \rho k_t t_i)^{\frac{1}{2}} A_s (T_i - T_0) \qquad (3-123)$$

式（3－123）是点火系统的一般解法。但是，在无坐力炮武器系统中，某些特性随所使用的发射药和点火器的范围而略有变化。因此，通过代入这些特性的平均值可使方程大大简化。对于点火气体

$$c_p = 1\ 315\ \mathrm{J} \cdot (\mathrm{kg} \cdot \mathrm{K})^{-1}, \quad T_0 = 2\ 500\ \mathrm{K}, \quad k = 1.25, \quad f = 245\ 060\ \mathrm{J} \cdot \mathrm{kg}^{-1}$$

同样，对于典型的双基药

$$c_p = 2\ 326\ \mathrm{J} \cdot (\mathrm{kg} \cdot \mathrm{K})^{-1}, \quad T_i = 900\ \mathrm{K}, \quad T_0 = 200\ \mathrm{K}\ （最低条件温度）$$

$$\rho = 1\ 550\ \mathrm{kg} \cdot \mathrm{m}^{-3}, \quad k_t = 1.395\ \mathrm{W} \cdot (\mathrm{m} \cdot \mathrm{K})$$

因此，对于无坐力炮的特殊情况，式（3－123）简化为

$$P A_p t_i = 0.016\ 6 A_s \sqrt{t_i} \qquad (3-124)$$

或

$$A_p = \frac{0.016\ 6 A_s}{P \sqrt{t_i}} \qquad (3-125)$$

经验确定，为了保证均匀点火，t_i 应该为 2 ms 或更短，点火计算中通常都采用这一数值。同时，点火管内应保持压力大约 7 MPa。这样的压力值已高到足以保证点火药的均匀燃烧而又低到足以排除点火管设计中发生严重的结构问题。将这些值代入式（3－125），得出孔面积 A_p 和发射药表面面积 A_s 的简单函数表达式

$$A_p = 3.71 \times 10^{-4} A_s \qquad (3-126)$$

任何发射药装药的总表面面积 A_s 可用单一药粒的外形尺寸、装药、质量和密度来表示，即

$$A_s = \frac{4C}{\rho} \left(\frac{D + n_p w}{D^2 - n_p w^2} + \frac{1}{2L} \right) \qquad (3-127)$$

利用式（3-126）所得的孔面积一般是实际所需面积 ±15%。

（2）实例计算

给出两个实例计算，并将计算面积和实际面积相比较。

例 1：M18 型 57 mm 无坐力炮。

$C = 0.335$ kg；$w = 0.53$ mm；$D = 1.6$ mm；$L = 6.88$ mm；$n_p = 1$。

根据式（3-127）有

$$A_s = \frac{4 \times 0.335}{1\,550} \times \left[\frac{1.6 \times 10^{-3} + 1 \times (0.53 \times 10^{-3})}{(1.6 \times 10^{-3})^2 - 1 \times (0.53 \times 10^{-3})^2} + \frac{1}{2 \times (6.88 \times 10^{-3})} \right] \text{m}^2$$

$$= 0.87 \text{ m}^2$$

根据式（3-126）有

$$A_p = 3.71 \times 10^{-4} \times 0.87 \text{ m}^2 = 3.23 \times 10^{-4} \text{ m}^2$$

M18 型武器系统实际所采用的孔面积是 3.87×10^{-4} m²。因此，计算的面积大约低 16%。

例 2：M27 型 105 mm 无坐力炮。

$C = 3.41$ kg；$w = 0.965$ mm；$D = 6.756$ mm；$L = 15.545$ mm；$n_p = 7$。

根据式（3-127）有

$$A_s = \frac{4 \times 3.41}{1\,550} \times \left[\frac{6.756 \times 10^{-3} + 7 \times (0.965 \times 10^{-3})}{(6.756 \times 10^{-3})^2 - 7 \times (0.965 \times 10^{-3})^2} + \frac{1}{2 \times (15.545 \times 10^{-3})} \right] \text{m}^2$$

$$= 3.32 \text{ m}^2$$

根据式（3-126）有

$$A_p = 3.71 \times 10^{-4} \times 3.32 \text{ m}^2 = 1.23 \times 10^{-3} \text{ m}^2$$

M27 型武器系统实际所采用的孔面积是 1.16×10^{-3} m²。因此，计算的面积大约高 6%。

（3）孔的图式的选择

孔的总面积一经确定，必须选择孔的数量和孔的图式。理论上，具有大量非

常小的孔的一支点火管将可能对发射药装药最均匀地点火。但是，这样做会造成很细的低能量的火焰喷流迅速冷却并且不能充分地渗入发射药装药中。实验研究表明，直径小于 5.56 mm 的孔对无坐力炮点火系统是不适用的。

增大孔径而保持孔的总面积不变的结果是使在各种发射温度下的最大火药压力降低。增大孔径则降低点火气体的速度和温度，结果引起发射药不均匀燃烧，最大压力降低。若进一步增大孔径，最终将导致最大压力太低，以致在低温发射时，开始出现点火严重不良，即发射药局部点燃、缓慢燃烧、膛压太低、弹丸甚至不能发射出去的情况。对于大多数情况，孔径应该小于 9.525 mm。

孔径一经确定，就可用一个孔的面积去除孔的总面积，从而算出孔的数量。为了使点火气体在装药的横断面均匀分布，孔应围绕点火管的横断面每隔60°排成 6 排，每排有相同数量的相等间隔的孔。

在 M27 型 105 mm 无坐力炮中，计算的孔面积是 1.23×10^3 mm^2。因此，假设孔径为 5.56 mm（面积 = 24.3 mm^2），则点火管中孔的数量 $N_p = 1.23 \times 10^3/24.3 = 50.6 \approx 51$。这样，在这个例子里，6 排的初步设计是每排 8 或 9 个直径为 5.56 mm 的孔。最后设计成 6 排，每排 8 个直径为 5.56 mm 的孔。

（4）初步的弹道试验

为了进行初步的弹道试验，将预先选定几何形状的点火管剖开，并开有透明窗口，以便观察底火的作用。点火管装填模拟黑火药（每磅[1]发射药6.5 g）的情形装药，装填的底火和辅助点火药比例为100∶1。为了测定燃烧温度与时间的关系，沿着点火管的长度在等间距的几个点上放置内热电偶。然后击发底火并进行高速摄影。结合温度记录并分析这些图像，就可选择能最有效地把主点火药包容在火焰中的底火和辅助点火药的组合。这一研究也是改进底火座设计的基础。

选定了底火和辅助点火药的组合之后，点火管内装填 A1 黑火药的模拟装药。再将这些点火管装入装有适当尺寸和结构的发射药药粒的剖开药筒内。击发点火管再进行高速摄影并进行分析。分析时研究下列特性：

①从点火管起爆到第一次出现火焰喷射的时间和沿点火管的长度，得到火焰喷射随时间的变化；

②火焰喷射通过发射药传播的长度和沿该长度的变化；

③火焰喷射传播到最远的发射药药粒的时间变化；

④位于点火管传火孔之间的发射药药粒横向火焰可达范围；

———

① 1 磅 = 1 lb = 0.453 6 kg。

⑤火焰喷射持续时间。

利用这些特性，通过点火装药的和点火管设计的改进研究来使火焰对发射药装药的覆盖最佳化。

发射药主点火药药包选定后，可以装填并发射几发整弹。射击使用试验用武器进行，以测定药室压力与时间的关系。这些压力－时间记录数据是样炮设计中研究点火系统的极其重要的因素。图3－28所示是一个研究项目中早期发射的两个相同炮弹压力－时间曲线。图3－28（a）所示是无坐力炮典型的正常点火情况。图3－28（b）所示是一发未充分点火的炮弹情况。应该注意，图3－28（a）中到达最大压力的时间比图3－28（b）中的短得多。另外，图3－28（b）中曲线的不稳定部分表示局部的压力，如前所述，这一压力将导致点火不良。某些点火延迟可能是由底火延迟和火焰传播需要时间造成的。在适当的极限内（$t_i \leqslant 2$ ms），延迟时间的绝对值不是很重要，最重要的是延迟时间和在这个时间内的压力曲线的形状一致性。因此图3－28（b）中情况下的装填参数不合理，要求对点火系统重新设计。

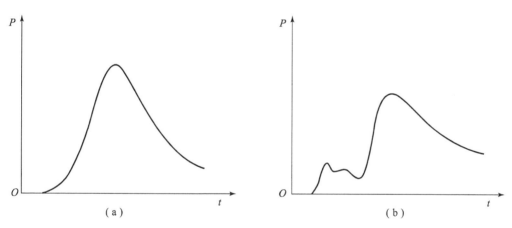

图3－28　正常点火和不良点火的压力－时间曲线

（a）正常点火；（b）不良点火

初步的射击完成之后，与弹丸速度记录一起来分析压力记录。速度记录也是重要的，因为各发射弹之间速度的不一致性表示发射药装药的不完全燃烧或燃烧反常，这个现象多半是由不适当的和不均匀的点火造成的。如果需要的话，发射药－点火药药包可进行进一步的改进。

（5）最后的工程试验

初步试验完成和发射药－点火管点火系统样型选定之后，开始做真实的点火均匀性射击试验。大量的弹药试验在 $-40 \sim +50$ ℃范围内的若干温度条件下保温，再用配有仪表的武器射击。速度、药室压力和武器的后坐测量要经过大量的统计分析以保证今后性能的可靠性。同时，通过这些射击还可检验点火系统的一般作用、不发火、迟发火或其他的不合理迹象。如果在射击中碰到困难，则可回过头按原来的弹道试验程序来进行试验，以便进一步改进系统的性能。

目前，由于点传火药量的增加，点传火药量已经达到发射药量的 1/6，对内弹道的影响将不可忽略，需要后续进一步修正。

3.8 平衡内弹道优化设计方法

内弹道过程是一个复杂的过程。由于人们认识的局限性和计算工具的限制，传统的内弹道工程设计总是根据经验和判断先制定设计方案，然后再进行"系统分析"。对制定的方案确定的装填条件和火炮构造参数进行内弹道性能分析和试验验证，如果满足给定的战术技术指标要求，则"制定"的方案就被确定；否则就再重新制定方案，直到满足要求。因为方案一旦确定，内弹道的各种性能就确定了，所以系统分析具有唯一性，被确定的方案只能是可行方案，并不一定是最优方案。

内弹道优化设计是指在综合各方面的因素、要求约束、指标等的基础上，用优化方法在众多的可行方案中选出一个最优的设计方案。通常意义上的内弹道优化设计是采用穷举法来确定最优参数，以总体设计指标给定的火炮口径、弹丸质量以及初速等为依据，根据经验制定出初始设计方案，然后通过经典内弹道模型对初始方案进行性能分析与实验验证，以此制定出新的修正方案，直到满足要求。目前，国内外已经广泛将优化设计方法应用到了传统火炮内弹道设计过程中，如遗传算法、粒子群优化算法、差分演化法、加权求和法、多目标优化算法等。近些年，基于机器学习的内弹道[10]优化设计也是人们关注的重点。

综上所述，内弹道优化设计固然比传统的工程设计复杂、困难得多，但是所选定的方案更合理、更科学；可以缩短设计周期，提高设计质量。本节将介绍内弹道优化设计的一般方法。

3.8.1 优化设计的目的

内弹道设计的任务是以外弹道设计确定的火炮口径 d、弹丸质量 m、初速 v_g 作为起始条件，在选定的最大压力 p_m 的约束下，利用内弹道学的有关公式，计算出能满足上述条件的、有利的装填条件（如装药质量 ω、火药弧厚 $2e_1$）和膛内构造参数（如药室容积 V_0、弹丸行程长 l_g、药室长度 l_0、炮膛全长 L_{nt} 等）。

　　火炮武器系统的内弹道设计是整个系统设计的核心，其先进性是衡量火炮武器系统先进性的主要指标，因此内弹道优化设计是火炮武器系统优化设计的关键。装填条件和火炮构造诸元本身也是火炮武器系统的主要系统参数，具有一定的功能和使命。装填条件和火炮构造诸元参数一旦确定，其代表的火炮武器性能也就确定了。每一组装填条件和火炮构造诸元都代表了一个设计方案，但是满足同一战术技术指标要求的设计方案却不止一个，且都是可行方案。内弹道优化设计就是根据给定的战术技术指标要求和现有的工程技术条件，应用专业理论和优化方法，从满足战术技术指标要求的众多可行方案中，按照所希望的性能指标选出最优的设计方案，即最优化总体参数的最优组合。最优的总体参数确定的装填条件和火炮构造诸元是最优的系统，具有最优的弹道性能。

3.8.2　优化设计步骤

1. 建立内弹道设计数学模型

　　建立数学模型就是把所研究系统的已知量和未知量用数学方程的形式加以描述。内弹道方程组用数学方程的形式给出了装填条件和火炮构造诸元与内弹道性能的关系。内弹道优化设计的对象是内弹道过程，即在满足内弹道性能指标的条件下，寻求设计目标函数的装填条件和火炮构造诸元。因此，内弹道设计的基本方程是内弹道方程组。

2. 确定设计变量

　　设计变量是内弹道优化设计中待定的参数。内弹道优化设计时涉及的参数很多，如装药量、火药弧厚、装填密度、药室容积、药室扩大系数、弹丸行程长、炮身长等。其中，有对内弹道性能影响比较大的参数，也有次要参数；有独立参数，也有互相依赖的非独立参数；有变参数，也有相对固定的参数。因此，在众多的参数中，必须确定哪些是设计变量，需要给予初值且作为优化结果计算出来；哪些作为设计参数，只需要在设计时给予确定值，不必作为优化结果求出的。确定设计变量一般要注意以下原则。

　　①设计变量应该是相互独立的变量。在应用任何优化方法解决优化设计问题都要求设计变量是独立的。

　　②设计变量的取值范围应该是有限的。在优化设计中，每个设计变量的取值不可能是无限的，而是确定了区间范围。因此设计变量区间就是由设计条件确定的设计变量的边界值构成的，在设计区间内的每一点都代表了一个设计方案。

　　③设计变量应是对目标函数有着矛盾的影响，且影响较大的那些变量。因为

只有这样，目标函数才能有明显的极值存在，才有最优解可寻。

总之，选择设计变量没有一个严格的规律可以遵循，需要根据经验和问题的性质而定。一般在进行内弹道优化设计时，首先要找出设计参数，然后对设计参数分出主次，将物理意义明确、对目标函数产生较大影响且是独立的、需要得出优化结果的一些参数作为变量。在筛选参数时，有些参数不能直接判断，而需设计变量的函数，然后通过计算公式进行计算。若不必求出这些参数的最优解，则可将这些函数作为约束条件来处理。

3. 建立约束条件

约束条件（或称约束方程）是对内弹道优化设计时各种参数取值的某些限制，或是对优化设计问题本身提出的限制条件，约束条件是检验设计方案合格的标准。内弹道优化设计约束条件的提出一般是由火炮的使用条件、现有的技术储备和弹药等因素决定的。这些约束条件一般有以下几项。

①最大压力 p_m：如前所述，确定最大压力不仅要考虑弹道性能，而且要考虑身管的材料性能、弹体的强度、引信的作用和炸药应力等因素。

②最大装填密度 Δ：最大装填密度一般是指能够实现的最大装药量。它一般取决于火药的密度和形状、药室结构、药室内附加元件的数量和装填方式等。

③最大药室容积 V_0：对于坦克炮和自行火炮一般都对药室容积有一定的限制。过大的药室容积不仅占据了较大的空间，而且还增加了自动机构装填和抽筒的自由空间，影响了车辆内部空间的合理使用。

④最大炮膛全长 L_{nt}：武器的机动性是内弹道设计的一个重要指标，增加身管长度将影响武器的机动性能。同时，限制身管长度不仅增加了武器的机动性能，而且也给武器平衡系统的设计降低了难度。

⑤炮口初速 v_g：炮口初速是内弹道设计需要满足的一个重要指标。初速满足要求的内弹道设计方案才有意义。

除上述常见的约束条件外，在内弹道设计中还经常将炮口压力、火药相对燃烧结束位置等作为约束条件。对于不同的火药种类，要求的约束条件也不同，并且这些约束条件一般不是单独出现的，而经常是几种约束条件同时出现，特别是最大压力和初速是内弹道设计基本的约束条件。

约束条件一般分为等式约束和不等式约束，如最大压力和初速一般作为等式约束的形式给出

$$p_m = p_{m标}, \quad v_g = v_{g标}$$

而装填密度则一般作为不等式给出

$$\Delta < \Delta_{极限}$$

即装填密度必须小于极限装填密度，才能保证设计方案是可行方案。

4. 选择目标函数

已知，满足约束条件的设计方案只是一个可行方案，即合格的方案，但可行方案不一定是最优方案。因此，在内弹道优化设计问题中，除了约束条件外还有对设计方案评价优劣的标准，即目标函数。目标函数就是用来评价所追求的设计目标（指标）优劣的数学关系式，可以选择一个目标函数，也可以选择多个目标函数，但所用目标函数都应该是设计变量的函数。在内弹道优化设计中通常将下列参数用作目标函数。

①初速 v_g（或炮口动能）：初速在大多数内弹道设计中是作为约束条件给出的，但有时也是作为设计所追求的目标函数，在火炮结构、装药、弹丸等诸多因素被限制（约束）的条件下，初速一般作为目标函数，追求最大初速（或最大的炮口动能）的内弹道设计方案。

②有效功率 γ_g：有效功率（即火药能量利用效率）反映了火炮能量的利用率，是衡量火炮内弹道性能的一个重要指标。

③装药利用系数 η_ω：装药利用系数和有效功率具有相近的物理意义，当火药性质一定时，这两个标准实际上是一个标准，从火药的能量利用这个角度来讲，这两个参数越大越好。实现最大的火炮效率一直是内弹道优化设计所追求的目标。

④炮膛工作容积利用效率 η_g，又称充满系数：这个量的大小反映了压力曲线平级或陡直的变化情况。对不同的火炮要求的范围也不同，加农炮要求 η_g 较大，榴弹炮要求 η_g 较小。

⑤工作膛容 V_g：工作膛容是指弹丸运动到炮口瞬间，弹后火药气体所占据的空间，与 η_g 一样，对不同的火炮要求也不一样。

除上述这些参数外，在内弹道优化设计中，有时选择的目标函数还包括了火炮条件、寿命等一些附加目标函数，并选择多个目标函数来衡量一个设计方案的优劣。在约束条件下，常把多目标函数变成极大或极小的问题，这种把多目标函数变成极大或极小的方法，称为多目标最优化方法，而把用这种方法解决多目标函数的极大或极小问题，称为多目标最优化问题。

目标函数是用来评价所追求目标（指标）优劣的数学关系式。目标函数是设计变量的函数，目标函数的维数取决于设计变量的个数。

5. 选择优化设计方法

选择优化设计方案与选择设计方案的评比（评价）方法是分不开的。内弹道优化设计实际上是用直接法进行优化设计的。它通过数学模型，求出对应设计方案的各项指标，然后进行方案评比，判断出方案的优劣，以决定取舍。这种优化设计方法很多，如内点罚函数法、复合形法、割平面法、可行方向法、变换技术等。

3.8.3 无坐力炮弹道优化设计问题

1. 设计变量

无坐力炮弹道设计是在已知 d、m、v_g 的条件下，按选用的火药性质、形状把与火药性质、形状有关的参量确定下来，根据无坐力炮条件选定喷喉相对面积 A^*，并在指定的最大膛压 p_m、药室扩大系数 χ_k 条件下进行优化设计。

在进行弹道设计时，弹丸的炮口初速 v_g 是必须满足的速度指标，属于已知条件，因此，弹丸行程长 l_g 仅是装填密度 Δ 和装药质量 ω 与弹丸质量 m 之比 ω/m 的函数。每一组 Δ、ω/m 即可计算与此相对的膛内构造诸元和装填条件。因此 Δ、ω/m 这两个量为设计变量。在设计平面（Δ、ω/m）上每个点都代表了一个设计方案。设计平面内有无数个设计方案。

2. 目标函数

对于无坐力炮弹道设计，应该突出其机动性，希望减小质量。炮的质量和炮的具体结构有很大关系。质量与膛内构造诸元一般不易建立普遍理论关系式，但不管什么结构，一般来说膛容越小，炮的质量也越小，所以可把最小膛容方案作为无坐力炮弹道上的最优方案。故无坐力炮弹道设计优化问题可选取膛容为目标函数，即

$$F(x) = Sl_g + W_0$$

最优方案选为 $F(x) = Sl_g + W_0$ 取极小值的方案。

3. 约束条件

约束条件视具体设计要求而定，如有些设计要求药室容积限定为某一定值，而有些设计要求身管长度限定为某一定值。一般来说，为获得稳定的弹道性能，对火药燃烧完全有一定的要求，在弹道上表现为 $\eta_k = l_k/l_g$ 应小于一个上限，如 $\eta_k < 0.7$。这一约束条件的给出，实际上对设计变量（Δ、ω/m）的取值范围限制更加严格，如图 3 - 29 所示。

图 3 - 29 中的卵形线是等膛容线，卵形越大，膛容也越大。卵形线中间的 M_0 点代表的是无约束条件时的最小膛容。η_k 值线也在图上附出，η_k 最大值为 1，它相对于火药在炮口燃烧结束。按 $\eta_k < 0.7$ 的约束条件，设计变量（Δ、ω/m）的取值范围将受到限制。

4. 数值优化方法

虽然从理论上说，求极值点即求目标函数导数 = 0 的点，但是由于目标函数

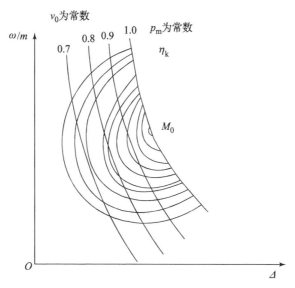

图 3 - 29　设计变量（Δ、ω/m）的取值范围限制

和诸设计变量的函数关系有时是隐含的，如腔容和设计变量（Δ、ω/m）的函数关系很难确定，求导也是困难的。这就迫使人们采用一种搜索方法。

该方法是目前解决求多变量函数极值的主要方法。基本思想是从直接分析目标函数特征出发，构造一类逐步使目标函数的函数值下降的算法，依次确定每一步的搜索方向和步长，按简单的逻辑结构进行同一迭代格式的反复运算，逐步逼近到函数的极值点。其基本步骤如下。

①选择一个初始点，得一个设计点 X^k，该点的目标函数的函数值为 $F(X^k)$。

②根据目标函数在初始点的值及特性，选择一个搜索方向或下降方向 S^k。

③因此定出步长，沿搜索方向搜索得新的设计点 X^{k+1}，有

$$X^{k+1} = X^k + \alpha^k S^k$$

其目标函数值为 $F(X^{k+1})$，使 $F(X^{k+1}) < F(X^k)$。

④若新点满足

$$\frac{F(X^{k+1}) - F(X^k)}{F(X^k)} < \varepsilon$$

则 X^{k+1} 就为极小点，否则从新点处继续搜索。搜索算法有很多，如坐标轮换法、梯度法、牛顿法等。为了说明无坐力炮弹道优化设计的思路与步骤，举一个最简单的例子——坐标轮换法，坐标轮换法的搜索方向是坐标方向。

对于设计变量较少的情况，该方法是一种简单的优化方法。用此方法可将无坐力炮弹道设计的二维问题寻优转化为一维问题寻优，即先在一个坐标 Δ 上进行

一维搜索得对应于最小膛容的 Δ^k，然后固定 Δ^k，在 ω/m 坐标上进行一维搜索得对应最小的 $(\omega/m)^k$，这样完成了一轮搜索。从第 k 轮出发，按上述方法进行第 $k+1$ 轮搜索，得 $(\Delta、\omega/m)^{k+1}$，若

$$\left| \frac{膛容值^{k+1} - 膛容值^k}{膛容值^k} \right| < \varepsilon$$

则 $(\Delta、\omega/m)^{k+1}$ 点作为最优点，否则继续下一轮直到满足上述条件。坐标轮换法计算框图如图 3-30 所示。

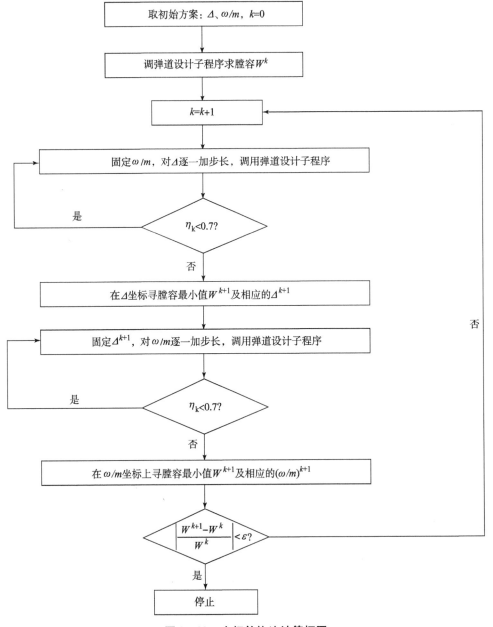

图 3-30 坐标轮换法计算框图

3.8.4　应用举例

已知条件为口径 $D = 82$ mm，弹重 $m = 2.81$ kg，初速 $v_0 = 258.5$ m/s，求出满足上述条件的最佳膛内构造诸元及装填条件。

选定条件如表 3 – 9 所示。

表 3 – 9　选定条件

名称	数值	名称	数值	名称	数值
火药力 $f/(\text{kJ} \cdot \text{kg}^{-1})$	1.06×10^3	火药密度 $\rho/(\text{kg} \cdot \text{m}^{-3})$	1 600	启动压力 p_0/MPa	5
余容 $\alpha/(\text{m}^3 \cdot \text{kg}^{-1})$	1 000	燃烧系数 $u_1/$ $(\text{m} \cdot \text{s}^{-1} \cdot \text{MPa}^{-1})$	5.5×10^{-4}	最大膛压 p_m/MPa	35.9
比热比 k	1.32	喉部相对截面积	0.71	火药燃速指数 n	0.69
火药形状特征量 χ	1.25	火药形状特征量 λ	0.2	药室扩大系数 χ_k	2.02

解出的最佳膛内构造诸元及装填条件如表 3 – 10 所示。计算结果与实际的无坐力炮的结构尺寸接近。说明该炮弹道设计是合理的，接近膛容最小方案。

表 3 – 10　最佳膛内构造诸元及装填条件

构造诸元	Δ	ω/m	W_0/m^3	l_g/m	W_{nt}/m^3	e_1/mm
设计方案	0.170	0.195	3.22×10^{-3}	0.839	7.66×10^{-3}	0.28
现有 65 式	0.175	0.189	3.022×10^{-3}	1.02	8.41×10^{-3}	0.20

参考文献

[1] 庞春桥，陶钢，李召，等．轻型无后坐力炮的动不平衡冲量特性 [J]．兵工学报，2020，41（12）：2424 – 2431.

[2] JIANG Z, TAO G, LI Z, et al. An Analysis and Calculation Method for One – Dimensional Balanced Interior Ballistics of a Recoilless Gun [J]．Propellants, Explosives, Pyrotechnics, 2022, 47（11）：e202200124.

[3] 金志明．枪炮内弹道学 [M]．北京：北京理工大学出版社，2004.

[4] 吴承鑑，张莺．无后坐炮设计 [M]．北京：兵器工业出版社，1994.

[5] 杨则尼．无后座炮设计 [M]．北京：国防工业出版社，1983.

[6] 克里尔，塞墨费尔特．现代枪炮内弹道学 [M]．北京：国防工业出版社，

1985.

[7] Olcer N Y, Lévin S. 无坐力武器设计原理 [M]. 黄庆和，徐文灿等译. 北京：国防工业出版社，1982.

[8] 谢列伯梁可夫. 身管武器和火药火箭内弹道学 [M]. 北京：国防工业出版社，1965.

[9] MORSE P M，INGARD K U. Linear Acoustic Theory [M]//Akustik I/Acoustics I. Berlin，Heidelberg：Springer Berlin Heidelberg，1961：1 – 128.

[10] 肖剑，王雨时，张志彪. 基于 Pareto 遗传算法的无后坐炮内弹道多目标优化设计 [J]. 弹道学报，2019，31（3）：5.

第 4 章

外 弹 道 与 射 表

4.1 概　　述

外弹道研究的是弹丸在空气中的运动规律及其相关问题，关注的是弹丸发射出炮口后，在空气中飞行直到击中目标的过程。本书只关注无控弹的内容，有关火箭和有控外弹道的部分，读者可另行参阅相关专著。

本章内容主要涉及两部分：无坐力炮弹药的外弹道学基本问题及外弹道的重要应用——射表（fining table，FT）的相关问题。

无坐力炮作为肩射武器，其射击过程既有枪的特点，又有炮的特点。相对于其他传统火炮，无坐力炮发射的弹药通常初速低（亚声速）、射程近，因此可以忽略地表曲面、地球自转、重力大小和方向变化等的影响。同时，无坐力炮的外弹道具有特殊性，如无坐力炮能够在城市和山地等作战环境中进行大俯仰角射击。相对于传统的无坐力炮，目前新型无坐力炮发射的杀爆弹的射程已经达到 3 km 以上，并且其横向偏移达到不可忽视的距离，因此需要被考虑。

在外弹道基本问题中，首先介绍作用于弹丸上的空气动力和力矩，其次介绍弹丸运动方程组，这里主要介绍了质点弹道方程组和刚体弹道方程组，并给出了弹道方程组的数值解法，以及具体案例。

在射表问题中，主要介绍了无坐力炮射表内容及其编制的基本原理和程序，重点介绍了定距空炸、大俯仰角下的高角修正量，以及偏流的相关内容。对于新型无坐力炮，最近国内也使用上较为先进的火控系统以提高其智能化射击的程度，因此射表的编制也需要考虑与火控系统进行配合。

4.2　作用在弹丸上的空气动力和力矩

由于弹丸在空气中对空气做相对运动，因此弹丸与空气间存在着相互作用。

其中空气对弹丸的作用力，称为空气动力。它在速度矢量方向的分量就是空气阻力。对于空气阻力的研究属于外弹道学的一部分，至今已有二百多年的历史。约在 18 世纪中叶出现测量速度的电磁测时仪后，就开始用测时仪测定弹丸在弹道上前后两点的速度来推算作用于其上的空气阻力。以后逐渐发展到今天，有了各种现代测试设备的弹道靶道。测时仪可以连续测出弹丸在同一弹道上多点的速度、坐标、飞行姿态和转速等数据，经分析计算可以得到作用于试验弹丸上的各个空气动力和力矩的系数。

20 世纪以来，航空技术的发展使航空飞行器上的空气动力的研究也随之蓬勃发展。航空上研究空气动力的主要设备是风洞。风洞是一个人造气流装置。它以一定速度的气流吹向固定的模型，并以空气动力天平作测量仪器，测出作用于模型上的空气动力和力矩。

近年来，由于炮兵和其他军兵种的迫切需要，因此在上述外弹道学中有关弹丸空气动力的研究和航空中有关飞行器空气动力的研究基础上，形成了一门独立的新课程——弹丸空气动力学。弹丸空气动力学是外弹道学中一门重要的基础学科。

空气动力和力矩是由弹丸在大气中运动而产生的，因此首先需要介绍一下有关大气方面的知识，然后才能研究空气对弹丸的作用——空气动力和力矩。

4.2.1　大气特性

地球被包围在浓密的空气层中。包围地球周围的空气，就是一般所说的大气。大气的密度，随着地球表面高度的增加而迅速减小，在距地面 6.5 km 处的空气密度约为地面的 1/2。接近地面的大气层，越靠近地面温度越高，形成温度随高度降低的某种分布。这是由于大气本身直接吸收太阳热能（短波的紫外线）的能力小，而很大一部分太阳热能（约 43%）为地表所吸收，然后再由地表以长波的红外线形式辐射出去。因而地球就好像是一个大火炉，使下层的空气受热上升，膨胀而冷却；使上层较冷的空气下降，压缩而受热。这样不仅形成了温度随高度降低的某种分布，而且形成空气不断地上下对流，产生强烈渗混。靠近地面产生上下对流的这一空气层，一般称为对流层。

对流层以上为平流层。此层的特点是处于热平衡状态中，温度变化甚微。上限一般认为在距地面 80 km 左右。此层空气没有上下对流，只有水平移动，称为平流层。平流层的底层（距地面 10~30 km）气温恒定不变，称为同温层。在对流层和同温层之间，并无明显的、突变的界限存在。在弹道上常将对流层上部至同温层的 1~2 km 的、温度逐渐转变的过渡地带称为亚同温层。

对流层的高度随纬度和季节不同而异。一般夏天比冬天高，赤道处比两极高。这是因为夏天地面温度比冬天高，赤道处地面温度比两极高。对流层的年平均高度在两极处约为 8 km，赤道处约为 17 km。

无坐力炮的弹丸飞行高度相对较低，但是也有弹道高大于 500 m 的情况，并且在高原地区时空气稀薄，因此需要考虑大气特性的变化。

1. 空气状态方程和虚温

由物理学可知，联系理想气体压力 p、体积 V 和热力学温度 T 的状态方程为

$$pV = nRT \tag{4-1}$$

式中，p 为气体的压力，Pa（N·m^{-2}）；V 为气体的体积，m^3；T 为理想气体的热力学温度，K，它与摄氏温度 t（℃）的关系是 T（K）$= 273.15 + t$；R 为理想气体常数，与气体种类无关，$R = 8.314 \times 10^3$ J·(K·mol)$^{-1}$；n 为气体（质量为 M）物质的量，mol。

则有

$$n = M/M_r \tag{4-2}$$

式中，M_r 是气体摩尔质量，数值上等于该气体的相对分子质量，g/mol。

引入密度符号 $\rho = M/V$，则气体状态方程改为如下形式：

$$p = \rho RT/M_r \tag{4-3}$$

因为空气是多种气体的混合物，对于干空气，其平均相对分子质量为 28.964 4，所以其摩尔质量 $M_d = 28.964\,4$ g·mol^{-1}，将此值代入式（4-3）中并取 kg 为质量单位，记 R_d 为干空气气体常数

$$R_d = R/M_d = 287.05 \text{ J·(kg·K)}^{-1} \tag{4-4}$$

则式（4-1）可写成

$$p = \rho R_d T \tag{4-5}$$

当空气中含有水蒸气时，称为湿空气，空气潮湿的程度可用绝对湿度 a 表示。定义气块容积 V 内所含水汽质量 M_v 与容积 V 之比为绝对湿度，即

$$a = M_v/V \tag{4-6}$$

这表明绝对湿度就是在一个气块中的水汽密度。由于气象观测中气块容积及所含的水汽质量都不是实测的，故需利用状态方程将其转换为可测量的函数。在常温、常压范围内，水汽也服从状态方程，即有

$$p_e = aR_v T, \quad a = p_e/(R_v T) \tag{4-7}$$

式中，p_e 为水汽压力；R_v 为水汽的气体常数，由于水的相对分子质量为 18.05，因此其摩尔质量 $M_v = 18.05$ g·mol^{-1}，这样

$$R_v = \frac{R}{M_v} = \frac{R}{M_d} \cdot \frac{M_d}{M_v} = \frac{28.9644}{18.05} R_d = \frac{8}{5} R_d \qquad (4-8)$$

并根据道尔顿分压定律知湿空气总压力 p 为干空气分压 p_d 和水汽分压 p_e 之和；同时，密度为干空气密度 ρ_d 与水汽密度 a 之和，于是得

$$p = p_d + p_e, \rho = \rho_e + a = \frac{p_d + \frac{5}{8} p_e}{R_d T} \qquad (4-9)$$

整理后得

$$\rho = \frac{p}{R_d} \cdot \frac{1 - \frac{3}{8} p_e / p}{T} \qquad (4-10)$$

如果记

$$\tau = \frac{T}{1 - \frac{3}{8} p_e / p} \qquad (4-11)$$

并称为虚温，它是把湿空气折合成干空气时对气温的修正。这样，湿空气的状态方程即为

$$p = \rho R_d \tau \qquad (4-12)$$

式（4 - 12）在形式上与干空气状态方程一致。通常空气中的水汽含量不大，将少量水汽的影响归并到虚温中去给问题的处理带来了很大的方便，本书中以下所讲的热力学温度均指虚温。

如果用 mmHg[①] 表示气压，设为 h，则状态方程可表示为

$$r = \rho g = 13.6 h / R \tau \qquad (4-13)$$

式中，r 为空气重度（密度），$kg \cdot m^{-2}$。

气压的单位：一个标准大气压 = 760 mmHg = 10 333 $kg \cdot m^{-2}$。

2. 气压、气温、声速随高度的分布

对弹丸运动有影响的主要大气参数有气温、气压、空气密度、湿度和风。根据空气状态方程可知在气温、气压和空气密度三者之间，只要任知其中两个，即可确定第三个参数。

设在距地面高度为 y 处有一个底面积为 A、厚度为 dy 的空气微团，其下面受到向上的压力为 pA，上面受到向下的压力为 $(p + dp) A$。在大气铅直平衡假设下，它们必与体积 Ady 内微团的重力 $\rho g A dy$ 相平衡，即

$$pA - (p + dp)A - \rho g A dy = 0 \qquad (4-14)$$

---

① 1 mmHg = 133.322 4 Pa（0 ℃时）。

整理得到

$$\mathrm{d}p/\mathrm{d}y = -\rho g \tag{4-15a}$$

$$\mathrm{d}p/p = -(g/R_\mathrm{d}\tau)\mathrm{d}y = -\mathrm{d}y/R_1\tau \tag{4-15b}$$

则

$$R_1 = R_\mathrm{d}/g = 287.05/9.806\,55 = 29.27 \tag{4-16}$$

将式（4-15b）两边分别从 $p_0 \sim p$ 和从 $0 \sim y$ 积分，得到气压 p 随高度 y 的变化关系式

$$p = p_0 \exp\left(-\frac{1}{R_1}\int_0^y \frac{\mathrm{d}y}{\tau}\right) \tag{4-17}$$

由此可见，只要知道虚温随高度的分布即可获得任意高度上的气压参数。

声速随高度的变化满足

$$C = \sqrt{kR_\mathrm{d}\tau} \tag{4-18}$$

式中，$k = 1.404$。虚温的地面标准值 $\tau_{0\mathrm{n}} = 288.9$ K，则声速的地面标准值 $C_{0\mathrm{n}} = 241.2$ m·s^{-1}。

3. 我国炮兵标准气象条件

我国炮兵标准气象条件的地面值如下：

气温 $t_{0\mathrm{n}} = 15$ ℃；

气压 $p_{0\mathrm{n}} = 100$ kPa $= 1\,000$ hPa；

虚温 $\tau_{0\mathrm{n}} = 288.9$ K；

密度 $\rho_{0\mathrm{n}} = 1.206$ kg·m^{-3}；

相对湿度 $\varphi = 50\%$ （绝对湿度 $p_{e0\mathrm{n}} = 8.47$ hPa）；

声速 $C_{0\mathrm{n}} = 341.1$ m·s^{-1}；

无风雨。

温度随高度分布的标准定律如下。

对流层（$y \leqslant 9\,300$ m）

$$\tau = \tau_{0\mathrm{n}} - G_1 y = 288.9 - 6.328 \times 10^{-3} y \tag{4-19}$$

亚同温层（$9\,300$ m $< y < 12\,000$ m）

$$\tau = A + B(y - 9\,300) + C(y - 9\,300)^2 \tag{4-20}$$

式中，$A = 230.0$；$B = -6.328 \times 10^{-3}$；$C = 1.172 \times 10^{-6}$。

同温层（$12\,000$ m $\leqslant y < 30\,000$ m）

$$\tau = 221.5 \text{ K} \tag{4-21}$$

气压和空气密度随高度分布的标准定律，只需要将气温标准分布定律代入式（4-17）就可以得到

$$\pi(y) = \frac{p}{p_{0n}} = \exp\left(-\frac{1}{R_1}\int_0^y \frac{\mathrm{d}y}{\tau}\right) \qquad (4-22)$$

$$H(y) = \frac{\rho}{\rho_{0n}} = \frac{p}{p_{0n}} \cdot \frac{\tau_{0n}}{\tau} = \pi(y)\frac{\tau_{0n}}{\tau} \qquad (4-23)$$

在计算弹道时，可以将气压函数和密度函数积分出来。无坐力炮一般在对流层内使用，则有

$$\pi(y) = (1-2.190\,4\times10^{-5}y)^{5.4},\ H(y) = (1-2.190\,4\times10^{-5}y)^{4.4} \qquad (4-24)$$

分别计算 y 为 3 000 m 和 5 000 m 时的标准虚温、$\pi(y)$、$H(y)$ 和声速 C。

4.2.2　作用在弹丸上的力和力矩

弹丸在飞行过程中的主要受力为升力、阻力、重力、科氏力、马格努斯力以及惯性离心力。为方便计算求解且由于所研究无坐力炮的弹丸射程较近，可简化弹丸飞行过程中的受力，忽略科氏力以及惯性离心力，并假定重力为常数。

1. 空气阻力

研究弹轴与速度矢量重合时的情况。此时作用于弹丸的空气动力与速度矢量重合而指向相反方向。

（1）空气阻力

空气阻力定义为空气阻止弹丸运动的力，空气阻力的方向始终与弹丸运动方向相反。弹丸的空气阻力由三部分构成：摩阻、涡阻和波阻。摩阻是指由空气黏性以及弹丸表面的粗糙度引起的阻滞弹丸运动的力。涡阻是指由于空气在弹丸上附面层的分离，在弹底和弹体后端形成低压区域而产生的飞行阻力。波阻是指当弹丸做跨声速或超声速飞行时，空气受到强烈压缩，形成激波，由此消耗弹丸的动能，减小弹丸飞行速度。对于无坐力炮的弹丸，波阻为 0。空气阻力的表达式为

$$R_x = \frac{1}{2}\rho S v^2 c_{x0} \qquad (4-25)$$

式中，S 为弹体的参考面积，通常取弹丸截面积，即 $S = \pi d^2/4$；ρ 为大气密度；c_{x0} 为空气阻力系数，是马赫数（Ma）的函数。

（2）阻力定理和弹形系数

对于不同的弹丸，可以通过实验测量得空气阻力系数 c_{x0} 与 Ma 的关系曲线，如图 4 - 1 所示。从曲线中可以看出，空气阻力系数 c_{x0} 在速度较低时（$Ma < 0.75$）近似为常数；在跨声速段时（$Ma = 0.8 \sim 1.2$），急剧增大；在超声速段，阻力系数 c_{x0} 随 Ma 增大而逐渐减小。

阻力系数是反映弹形对空气阻力影响的一个无量纲系数，实验表明，在相同

的大气条件下，两个几何相似的弹丸对应的阻力系数曲线是一致的。对于两个形状相近的弹丸，所测出的两条阻力系数曲线虽不完全重合，但也相差不大，而且曲线形状也很相似。发现这一性质后，便由此产生了标准弹形和阻力定律的概念。

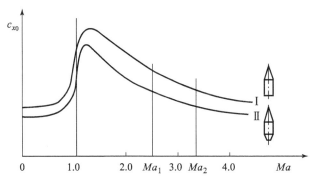

图 4 - 1　空气阻力系数 c_{x0} 与 Ma 的关系曲线

阻力定律：对应某个标准弹形的空气阻力系数与 Ma 的函数关系。

历史上两个著名的阻力定律是西亚切阻力定律和 43 年阻力定律。但实际上弹丸外形种类繁多，与西亚切阻力定律和 43 年阻力定律相应的弹丸外形并不一致，因此引入弹形系数 i 与弹道系数 c。

若某一弹丸的形状与标准弹形相近，则在任一 Ma 处，该弹丸的阻力系数 c_{x0} 与阻力定律中对应的值 c_{x0n} 之比，近似为常数，该常数定义为弹丸的弹形系数，记为 i，即有

$$i = \frac{c_{x0}}{c_{x0n}} \qquad (4-26)$$

在利用弹形系数估计弹丸的空气阻力时必须明确下列几点。

①弹形系数是相对量，对应于所选取的阻力定律。如对于近代旋转弹，43 年阻力定律，$i_{43} = 0.85 \sim 1.0$，而对于西亚切定律，$i_d = 0.40 \sim 0.50$。

②弹形系数是平均量，实际弹丸的弹形系数在飞行过程中是变化的，当弹形与标准弹相差较大时，这种变化更大。因此，在实际应用时，应采取平均弹形系数代替变化的弹形系数。

③目前，在弹道计算时多直接使用弹丸的 $c_{x0n} - Ma$ 曲线，而弹形系数多在弹道近似估算时采用。

（3）弹道系数和空气阻力函数

空气阻力对弹丸运动的影响大小是由迎面阻力 R_x 与弹丸的质量 m 的比值——阻力加速度 a_x 决定的。弹丸的空气阻力加速度 a_x 表示为

$$a_x = R_x/m \tag{4-27}$$

将空气阻力 R_x 代入式（4-27），得

$$a_x = \frac{1}{m} \cdot \frac{\rho v^2}{2} \cdot \frac{\pi d^2}{4} c_{x0} \tag{4-28}$$

将弹形系数 i 代入，并将各参量按性质分类组合，得到

$$a_x = \left(\frac{id^2}{m} \times 10^3 \right) \frac{\rho}{\rho_{0n}} \left(\frac{\pi}{8} \rho_{0n} \times 10^{-3} \, v^2 c_{x0n} \right)$$

式中，第一个组合表示弹丸的本身特征（形状、尺寸大小和质量）对弹丸运动影响的部分，称为弹道系数 c，即

$$c = \frac{id^2}{m} \times 10^3 \tag{4-29}$$

第二个组合就是在 4.2 节中讨论的空气密度函数 $H(y) = \rho/\rho_{0n}$；第三个组合，主要表示弹丸相对于空气的运动速度 v 对弹丸运动的影响部分，一般称为空气阻力函数，并用 $F(v)$ 表示，即

$$F(v) = \frac{\pi}{8} \rho_{0n} \times 10^{-3} v^2 c_{x0n} = 4.737 \times 10^{-4} v^2 c_{x0n} \tag{4-30}$$

注意，$F(v)$ 不仅是速度 v 的函数，还是声速的函数，因为 $Ma = v/C$。

有时为了应用的方便，也有引进函数 $G(v)$ 和 $K(v)$ 作为阻力函数，它们的关系为

$$F(v) = vG(v) = v^2 K(v) \tag{4-31}$$

则有

$$G(v) = 4.737 \times 10^{-4} v c_{x0n}, \; K(v) = 4.737 \times 10^{-4} c_{x0n} \tag{4-32}$$

当声速 $C = C_{0n}$ 时，空气阻力加速度可以表示成如下形式

$$a_x = cH(y)F(v) = cH(y)vG(v) \tag{4-33}$$

由此可以看出空气阻力加速度是表示弹丸本身特征的弹道系数 c、表示空气特征的密度函数 $H(y)$ 和表示弹丸相对于空气运动速度对运动影响的阻力函数 $F(v)$ 三者的连乘积。

弹道系数 c 越大，阻力加速度 a_x 越大，也就是空气阻力对弹丸运动的影响越显著。因此要减小空气阻力对弹道的影响，就要设法减小弹道系数 c。

（4）声速对阻力函数的影响

阻力函数一般为速度 v 和声速 C 两个变量的函数，使用不便，通过引进虚速概念，可将此化为单变量函数。弹丸的虚速由式（4-34）定义

$$\frac{v_\tau}{C_{0n}} = \frac{v}{C} = Ma \tag{4-34}$$

由此可得

$$v_\tau = v\,\frac{C_{0n}}{C} = v\,\sqrt{\frac{\tau_{0n}}{\tau}} \tag{4-35}$$

这样，阻力函数可写为

$$F(v) = 4.737 \times 10^{-4} v^2 c_{x0n}\left(\frac{v}{C}\right) = 4.737 \times 10^{-4} v_\tau^2 c_{x0n}\left(\frac{v_\tau}{C_{0n}}\right)\frac{\tau}{\tau_{0n}} \tag{4-36}$$

即

$$F(v) = F(v_\tau)\frac{\tau}{\tau_{0n}} \tag{4-37}$$

同理

$$G(v) = G(v_\tau)\sqrt{\frac{\tau}{\tau_{0n}}} \tag{4-38}$$

因此，两个变量的函数 $F(v, C)$ 和 $G(v, C)$ 变成了两个单变量函数 $F(v)$ 和 $\dfrac{\tau}{\tau_{0n}}$ 与 $G(v)$ 和 $\sqrt{\dfrac{\tau}{\tau_{0n}}}$ 的乘积。在此情况下阻力加速度变为

$$a_x = cH(y)F(v) = c\pi(y)F(v_\tau) = cH(y)vG(v) = cH_\tau(y)vG(v_\tau) \tag{4-39}$$

式中，$\pi(y) = H(y)\dfrac{\tau}{\tau_{0n}}$；$H_\tau(y) = H(y)\sqrt{\dfrac{\tau}{\tau_{0n}}}$。

2. 弹轴与速度矢量不重合时的空气动力和力矩

当弹轴与速度矢量不重合（即攻角 $\delta \neq 0$）时，在弹丸迎气流面，弹丸阻滞气流的面积变大，扰动较强，空气压缩较背气流面强烈。尤其在超声速时，弹头波不对称，迎气流面的激波较背气流面强烈。在这种情况下（不论亚声速或超声速），总阻力均显著增大，空气动力（阻力）也不是与速度矢量方向正相反，而是以速度矢量线为准向弹顶偏离的一方偏离。阻力的作用点也不通过弹丸质心 C，如图 4 - 2 所示。

一方面阻力在沿速度反向及垂直于速度的方向上分别产生分量，即迎面阻力和升力；另一方面阻力对质心产生了力矩（静力矩）M_z，而由于弹丸的旋转，产生了极阻尼力矩 M_{xz}、赤道阻尼力矩 M_{zz}、马格努斯力 R_z 和马格努斯力矩 M_y，下面分别说明其产生原因及表达式。

（1）阻力

当攻角不为 0 时，阻力作用线位于阻力面（弹轴与相对气流速度构成的平面）内。沿速度矢量方向的分量，即为迎面阻力，表达式为

$$\vec{R}_x = \frac{1}{2}\rho Sv^2 c_x \frac{\vec{v}}{v} \tag{4-40}$$

其大小为

$$R_x = \frac{1}{2}\rho Sv^2 c_x \tag{4-41}$$

$\delta \neq 0$ 时的阻力系数 c_x 不仅是 Ma 的函数，而且也是攻角 δ 的函数，即

$$c_x = c_{x0}(Ma)(1 + k\delta^2) \tag{4-42}$$

当攻角不大时，攻角系数由式（4-43）确定，即

$$k = \frac{c'_n(Ma)}{c_{x0}(Ma)} \tag{4-43}$$

式中，$c'_n(Ma)$ 为法向力系数导数。

对于一般的弹丸，k 值近似在 $15 \sim 30$ 的范围内变化，一般为 20。

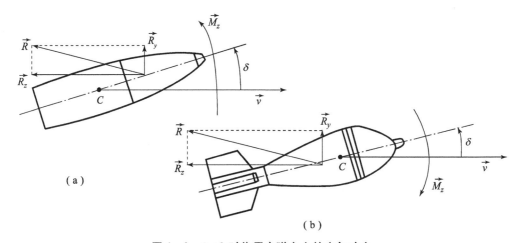

图 4-2　$\delta \neq 0$ 时作用在弹丸上的空气动力

（2）升力

空气动力 $\vec{R}$ 在阻力面内垂直于速度的分量 $\vec{R}_y$ 称为升力，表达式为

$$\vec{R}_y = \frac{1}{2}\rho Sv^2 c_y \frac{\vec{v} \times (\vec{\xi} \times \vec{v})}{v^2} \tag{4-44}$$

其大小为

$$R_y = \frac{1}{2}\rho Sv^2 c_y \approx \frac{1}{2}\rho Sv^2 c'_y \delta \tag{4-45}$$

式中，$\vec{\xi}$ 为沿弹轴的单位矢量；c_y 为升力系数；c'_y 为升力系数的导数。

显然，攻角为 0 时，升力为 0。

（3）静力矩

空气动力 $\vec{R}$ 对质心之矩，称为静力矩 $\vec{M_z}$。对于旋转弹，$\vec{M_z}$ 有使攻角增大的趋势，故称为翻转力矩；对于尾翼弹，$\vec{M_z}$ 有使攻角减小的趋势，故称为稳定力矩。静力矩的表达式为

$$\vec{M_z} = \frac{1}{2}\rho Slvm_z \vec{v} \times \vec{\xi} \tag{4-46}$$

其大小为

$$M_z = \frac{1}{2}\rho Slv^2 m_z \approx \frac{1}{2}\rho Slv^2 m'_z \delta \tag{4-47}$$

式中，l 为参考长度，通常取弹长或弹径；m_z 和 m'_z 分别为静力矩系数及其导数。

R_x、R_y 和 M_z 三者之间有如下关系，即

$$M_x = R_x h^* \sin\delta + R_y h^* \cos\delta \tag{4-48}$$

式中，h^* 为弹丸阻心到质心的实际距离，称为阻质心矩。

弹丸在飞行中摆动时，攻角周期性变化，因而必然具有 $\delta \neq 0$ 时的迎面阻力、升力和翻转（或稳定）力矩。这些力和力矩不仅随速度（或 Ma）和飞行高度变化，并且随攻角的变化而变化。弹丸有自转和摆动时，除受到上述的空气动力和力矩作用外，还受到摆动产生的、阻止其摆动的赤道阻尼力矩作用和自转产生的阻止其自转的极阻尼力矩作用，以及自转和摆动的联合作用结果产生的马格努斯力和力矩作用。

（4）赤道阻尼力矩

赤道阻尼力矩的形成（见图 4-3），一方面由于弹丸围绕其赤道轴（过重心与弹轴垂直的轴）摆动时，在弹丸的空气受压缩的一面，必因空气受压缩而压力增大，另一面必因弹丸离去、空气稀薄而压力减小，这样形成一个反对弹丸摆动的压力偶；另一方面由于空气的黏性（内摩擦），在弹丸表面两侧产生阻止其摆动的摩擦力偶。因此，当弹丸绕赤道轴摆动的同时，形成反对其摆动的压力偶和摩擦力偶。此二力偶的合力矩，就是阻止弹丸摆动的赤道阻尼力矩 $\vec{M_{zz}}$。

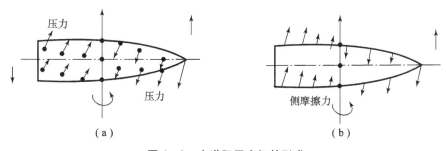

图 4-3 赤道阻尼力矩的形成

赤道阻尼力矩 $\vec{M}_{zz}$ 的大小与 Ma 及弹丸摆动角速度 $\dot{\vec{\varphi}}$ 有关，其方向与 $\dot{\vec{\varphi}}$ 的方向相反，其表达式为

$$\vec{M}_{zz} = -\frac{1}{2}\rho Slv^2 m_{zz} \frac{\dot{\vec{\varphi}}}{\dot{\varphi}} \qquad (4-49)$$

其大小为

$$M_{zz} = \frac{1}{2}\rho Slv^2 m_{zz} \qquad (4-50)$$

式中，m_{zz} 为赤道阻尼力矩系数，$m_{zz} = m'_{zz}(\mathrm{d}\dot{\varphi}/v)$；$m'_{zz}$ 为赤道阻尼力矩系数的导数。

（5）极阻尼力矩

弹丸在绕其几何轴线（又称极轴）自转时，由于空气的黏性，在接近弹丸表面周围有一薄层空气（附面层）随着弹丸的自转而旋转，消耗着弹丸的自转动能，使其自转角速度逐渐减缓。这个阻止弹丸自转的力矩称为极阻尼力矩（见图 4 - 4），用 $\vec{M}_{xz}$ 表示。

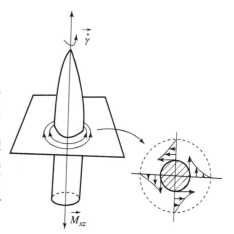

图 4 - 4 极阻尼力矩的形成

极阻尼力矩的表达式为

$$\vec{M}_{xz} = -\frac{1}{2}\rho Slv^2 m_{xz} \frac{\dot{\vec{\gamma}}}{\dot{\gamma}} \qquad (4-51)$$

其大小为

$$M_{xz} = \frac{1}{2}\rho Slv^2 m_{xz}$$

式中，m_{xz} 为极阻尼力矩系数，$m_{xz} = m'_{xz}(\mathrm{d}\dot{\gamma}/v)$；$m'_{xz}$ 为极阻尼力矩系数的导数。

（6）马格努斯力和力矩

当弹丸自转并同时摆动时（即具有攻角），由于弹丸表面附近流场的变化，而产生所谓的马格努斯效应（见图 4 - 5），因此产生马格努斯力和力矩。其形成机理较复杂，下面仅作传统的解释，详细情况可参阅有关弹丸空气动力学书籍。

由于空气黏性会产生随弹体自转的、包围弹体周围的一薄层空气（附面层），又由于有攻角的存在，因而在与弹轴垂直方向上有气流分速 $v_\perp = v\sin\delta$ 向弹体吹来。此气流与伴随弹体自转的两侧气流合成的结果，如图 4 - 5（b）所示。在弹体一测气流速度增大，而另一侧减小。根据伯努利定理知道，速度小的一侧压力大于速度大的一侧，这就形成一个与攻角平面（或阻力面）垂直的力，其指向由右手定则决定，即以右手四指卷曲表示由弹轴自转角速度矢量 $\dot{\vec{\gamma}}$ 向速度矢量 $\vec{v}$ 旋

转时拇指的指向。此力称为马格努斯力，用 R_z 表示。它与阻力面垂直，因而也与升力和速度矢量垂直。马格努斯力与升力两者均使弹丸向侧方运动。

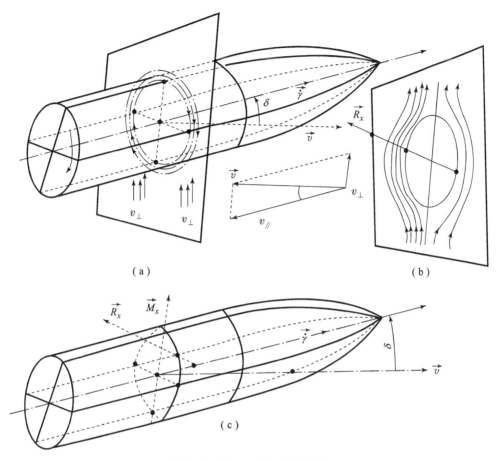

图 4 – 5　马格努斯效应的形式

马格努斯力的表达式为

$$\vec{R}_z = \frac{1}{2}\rho S v^2 c_z \frac{\dot{\vec{\gamma}} \times \vec{v}}{\dot{\gamma} v} \qquad (4-52)$$

其大小为

$$R_z = \frac{1}{2}\rho S v^2 c_z \qquad (4-53)$$

马格努斯力矩的表达式为

$$\vec{M}_y = \frac{1}{2}\rho S l v^2 m_y \frac{\dot{\vec{\gamma}} \times (\dot{\vec{\gamma}} \times \vec{v})}{\dot{\gamma}^2 v} \qquad (4-54)$$

其大小为

$$M_y = \frac{1}{2}\rho S l v^2 m_y \qquad (4-55)$$

则马格努斯力系数 c_z 和马格努斯力矩系数 m_y 分别为

$$c_z = c_z' \frac{\dot{\gamma} d}{v} \delta \, , \quad m_y = m_y' \frac{\dot{\gamma} d}{v} \delta \qquad (4-56)$$

式中，c_z' 和 m_y' 分别为 c_z 和 m_y 对无因次转速 $\frac{\dot{\gamma} d}{v}$ 的导数。

（7）重力

重力为 mg，其中重力加速度 g 为离心力加速度与引力加速度之和，为方便计算，假设重力为常数。

4.3 外弹道模型

影响弹丸在空气中运动的因素极为错综复杂。如果同时全部加以考虑，不仅使问题复杂化，而且使求解更为困难。在自然科学研究中，对于这类问题，总是在详细分析主要因素和次要因素的基础上，引进一些必要的简化假设，将那些次要因素暂时忽略，抓住主要因素求解，得出问题的主要规律。然后再对那些次要因素分别加以考虑修正。这样既可以掌握问题的本质，使问题简化，又可以求得与实际情况相符合的结果。

现在研究弹丸在空气中运动时，哪些是影响弹丸运动的可以暂时忽视的次要因素。

对于飞行稳定性良好的弹丸，在飞行中弹轴和速度矢量线间总是存在着一个不大的攻角（或章动角），因而气流对弹丸的速度矢量线就不再对称。此时阻力作用线既不通过质心，也不与速度矢量线平行，形成一个使弹丸围绕质心运动的静力矩（即翻转力矩或稳定力矩）。这样，弹丸在空气中运动就成为一个复杂的刚体在空中的运动，需要用六个二阶微分方程来求解：三个描述弹丸的质心运动；另外三个描绘弹丸围绕其质心的运动。但是实际上，对于飞行稳定的一般弹丸，攻角总是很小，弹丸围绕质心运动对其质心运动的影响不大。因而在研究弹丸的质心运动时，可以暂时忽略围绕质心运动对它的影响。这样就可以将复杂的刚体在空中的运动，简化成为两个独立的方程组来研究。一组表示弹丸质心的运动（$\delta = 0$），而且是一个平面运动。攻角 δ 的实际存在，使迎面阻力 R_x 增大的部分，由增大了的弹道系数 $c = c_0 (1 + k\delta^2)$ 来修正。另一组是表示弹丸围绕其质心的运动。这样，就使问题起了本质上的简化，也就是为什么在研究弹丸质心运动时，总是首先假设攻角 $\delta = 0$ 的原因。

至于在某些特殊情况下，需要将弹丸的质心运动和围绕质心运动合并同时求解的问题，就是外弹道学中的一般问题，可以用电子计算机来求解。

另外，弹丸在制造过程中的缺陷：①外形稍微地不对称，即使在 $\delta = 0$ 时，也会造成空气动力作用对弹轴或对速度矢量线的不对称，因而形成作用于弹丸的一些附加的空气动力和力矩；②弹丸质心稍微偏离其几何轴线，或弹丸的前后部分不共轴，即使外形对称，也会形成一些作用于弹丸的附加的空气动力矩。但是实际上，由于制造公差的严格控制，弹丸外形不对称、质心偏离以及前后不共轴等总是非常小的，因而可以假设弹丸是轴对称的。

其他如实际气象条件（如气温、气压、风等）与标准气象条件不大的变化，在射程不过大时，重力加速度随高度和纬度的微小变化，地表曲率的微小变化和科氏加速度的影响等，均可以暂时略去不计。因此在研究弹丸运动时，可以引进如下的一些基本假设。这样，不仅可以将问题大大简化，而且可以突出影响弹丸质心运动的主要因素，易于揭露出弹丸质心运动的基本规律。

这些基本假设综合如下。

①在弹丸整个运动期间，假设攻角 $\delta = 0$。

②弹丸是轴对称体。根据假设①和②的弹丸运动，可以看作是弹丸的全部质量集中在质心的、一个质点的运动。

③地表面为平面。

④重力加速度的大小不变和方向始终铅直向下。

⑤科氏加速度为 0，即对地球旋转的影响只考虑包含在重力内的惯性离心力的部分。

⑥气象条件是标准的，无风雨。

在上述基本假设下研究弹丸质心运动的问题，称为外弹道学基本问题。由于弹丸在空中运动的实际情况与假设①和②的不合，因此产生了"旋转理论"和"摆动理论"；由于实际情况与假设⑤和⑥的不合，因此产生了"修正理论"。至于假设③和④，对射程不大的一般火炮而言，基本上和实际情况相一致，只有对于射程较远的武器才需要加以考虑。

4.3.1 质点弹道模型

在基本假设下，作用于弹丸的力仅有重力和空气阻力，故可写出弹丸质心运动矢量方程

$$\frac{\mathrm{d}\vec{v}}{\mathrm{d}t} = \vec{a}_x + \vec{g} \qquad (4-57)$$

下面建立直角坐标系（见图 4 – 6）里的弹丸质心运动方程组。

如图 4-6 所示，以炮口 O 为原点（origin）建立直角坐标系，Ox 为水平轴，指向射击前方，Oy 轴铅直向上，Oxy 平面即为射击面。弹丸位于坐标（x，y）处，质心速度矢量 v 与地面 Ox 轴构成 θ 角，称为弹道倾角。水平分速 $v_x = \mathrm{d}x/\mathrm{d}t = v\cos\theta$，铅直分速 $v_y = \mathrm{d}y/\mathrm{d}t = v\sin\theta$，而 $v = \sqrt{v_x^2 + v_y^2}$。重力加速度 g 沿 y 轴负向，阻力加速度 a_x 沿速度反向。将矢量方程两边向 Ox 轴和 Oy 轴投影，并加上气压 p 的变化方程，得到直角坐标系的弹丸质心运动方程组如下：

$$\left.\begin{aligned}
\frac{\mathrm{d}v_x}{\mathrm{d}t} &= -a_x\cos\theta \\
\frac{\mathrm{d}v_y}{\mathrm{d}t} &= -a_x\sin\theta - g \\
\frac{\mathrm{d}y}{\mathrm{d}t} &= v_y \\
\frac{\mathrm{d}x}{\mathrm{d}t} &= v_x \\
\frac{\mathrm{d}p}{\mathrm{d}t} &= -\rho g v_y
\end{aligned}\right\} \qquad (4-58)$$

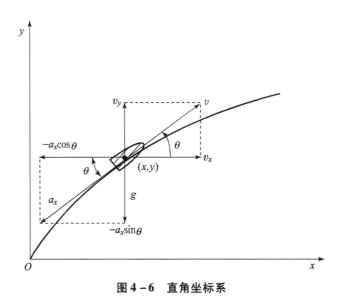

图 4-6　直角坐标系

对于标准气象条件，p 和 $H(y)$ 也可用表达式计算，而取消第 5 个方程。

当建立弹道条件和气象条件非标准时的弹丸质心运动方程组时，气象条件主要包括气温、气压、密度、纵风和横风。故只需将各高度上气温、气压的非标准值代入式（4-23）中，再代入弹丸质心运动方程组（4-58）中进行计算，就可求出它们对弹道诸元的影响。

至于风速 w，可分解为纵风 w_x 和横风 w_z。纵风是平行于射击面的风，顺射向为正；横风是垂直于射击面的风，顺射向看时，从左向右为正。风速改变了弹丸相对于空气的速度，而空气阻力是与相对速度有关的。

将阻力加速度 $a_x = cH_\tau(y)vG(v_\tau)$ 代入式（4 – 58），得到考虑气象条件非标准的弹丸质心运动方程如下：

$$\begin{cases} \dfrac{\mathrm{d}v_x}{\mathrm{d}t} = -cH_\tau(y)G(v_\tau)(v_x - w_x) \\[2mm] \dfrac{\mathrm{d}v_y}{\mathrm{d}t} = -cH_\tau(y)G(v_\tau)v_y - g \\[2mm] \dfrac{\mathrm{d}v_z}{\mathrm{d}t} = -cH_\tau(y)G(v_\tau)(v_z - w_z) \\[2mm] \dfrac{\mathrm{d}x}{\mathrm{d}t} = v_x \\[2mm] \dfrac{\mathrm{d}y}{\mathrm{d}t} = v_y \\[2mm] \dfrac{\mathrm{d}z}{\mathrm{d}t} = v_z \\[2mm] v_\tau = \sqrt{(v_x - w_x)^2 + v_y^2 + (v_z - w_z)^2}\sqrt{\dfrac{\tau_{0n}}{\tau}} \end{cases} \quad (4-59)$$

式中，v_0 为初速；θ_0 为初始射角。积分的起始条件为 $t = 0$ 时，$v_x = v_0\cos\theta_0$，$v_y = v_0\sin\theta_0$，$v_z = 0$，$x = y = z = 0$。

一般情况下，质点弹道模型可以描述弹丸的运动。但是质点弹道模型无法计算弹丸的横向偏移，在 4.4 节中会详细讨论横向偏移。这里给出估算偏流 z 的计算公式为

$$z = \alpha_1 T^2 \quad (4-60)$$

式中，T 为弹丸飞行时间；α_1 是根据射击得到的偏流和飞行时间拟合得到的参数。

4.3.2 六自由度弹道模型

式（4 – 57）给出了弹丸质心运动矢量方程，为了研究弹丸的稳定性和散布特性，则需要考虑围绕质心的运动。根据动量矩定理，围绕质心运动的矢量方程为

$$\frac{\mathrm{d}\vec{G}}{\mathrm{d}t} = \vec{M} = \vec{M}_z + \vec{M}_y + \vec{M}_{xz} + \vec{M}_{zz} \quad (4-61)$$

将质心运动方程和围绕质心运动方程联立，组成全力组作用下弹丸的运动方程，这两组方程反映了弹丸的六自由度运动，因此，习惯上称为六自由度弹道方

程或刚体弹道方程。

弹丸的运动规律不因坐标系的选取而改变，但是坐标系选择的恰当与否却影响着建立和求解运动方程的难易和方程的简明易读性。下面介绍外弹道学常用的坐标系及它们之间的转换关系，并在合适的坐标系下给出六自由度弹道方程的标量形式。

1. 坐标系

（1）地面坐标系 $O_1 x_E y_E z_E$（E）

地面坐标系用于确定弹丸质心的空间坐标，其原点在炮口断面中心处，$O_1 x_E$ 轴沿着水平线指向射击方向，$O_1 y_E$ 轴垂直于 $O_1 x_E$ 轴向上，$O_1 x_E y_E$ 铅直面称为射击面，$O_1 z_E$ 轴垂直于射击面并按照右手定则确定。

（2）基准坐标系 $O x_N y_N z_N$（N）

此坐标系用于确定弹轴与速度的空间方位。它是由地面坐标系平移至弹丸质心 O 而成的，随着质心一起平动。

（3）弹道坐标系 $O x_2 y_2 z_2$（V）

弹道坐标系可由基准坐标系经过两次旋转而成。$O x_2$ 轴沿着质心速度矢量方向，$O y_2$ 轴垂直于速度方向向上，$O z_2$ 根据右手定则确定为垂直于平面 $O x_2 y_2$ 且向右为正。其变换过程首先是基准坐标系绕 $O z_N$ 轴正向右旋角 θ_a 到达 $O x_2' y_2 z_N$，再由 $O x_2' y_2 z_N$ 绕 $O y_2$ 轴负向右旋 ψ_2 角达到 $O x_2 y_2 z_2$ 的位置。其中 θ_a 为速度高低角，ψ_2 为速度方向角。坐标系转换示意如图 4-7 所示。

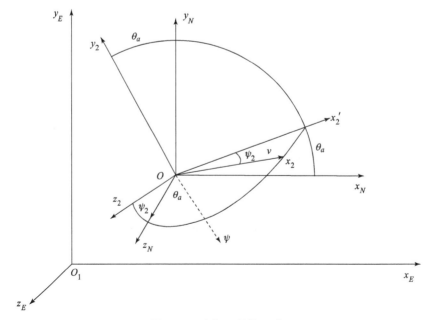

图 4-7 坐标系转换示意

（4）弹轴坐标系 $O\xi\eta\zeta(A)$

在弹轴坐标系中，$O\xi$ 轴为弹轴，$O\eta$ 轴垂直于 $O\xi$ 且方向向上，由右手定则可得 $O\xi$ 垂直于平面 $O\xi\eta$ 且方向向右。弹轴坐标系由基准坐标系经过两次转动而成：首先由基准坐标系绕 Oz_N 轴正向右旋 φ_a 角到达 $O\xi'\eta z_N$ 位置；再由 $O\xi'\eta z_N$ 坐标系绕 $O\eta$ 轴负向右旋 φ_2 角最终达到 $O\xi\eta\zeta$ 的位置。其中 φ_a 称为弹轴高低角，φ_2 称为弹轴方位角，如图 4-8 所示。

（5）弹体坐标系 $Ox_1y_1z_1(B)$

弹体坐标系的 Ox_1 仍为弹轴，但 Oy_1 与 Oz_1 固连在弹体上并与弹丸同时围绕 Ox_1 转动。若弹轴坐标系转过的角度为 γ，则此坐标系的角速度 ω 要比弹轴坐标系的角速度矢量 $\vec{\omega}_1$ 多一个自转角速度矢量 $\vec{\gamma}$，对于右旋弹，$\vec{\gamma}$ 指向弹轴前方。因为 Ox_1 和 $O\xi$ 都是弹轴，所以 $O\xi\eta$ 和 Oy_1z_1 两坐标面是相互重合的，且两坐标系只相差一个转角 γ，如图 4-8 所示。

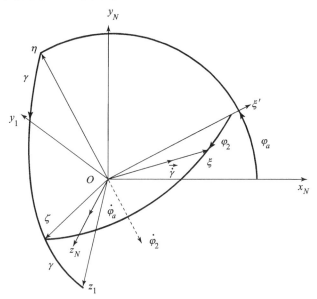

图 4-8 坐标系转换示意（弹体）

2. 六自由度运动方程组

考虑弹丸质心运动和围绕质心的运动，则六自由度弹道运动方程组可表示为

$$\frac{\mathrm{d}v}{\mathrm{d}t} = \frac{1}{m}F_{x_2}$$

$$\frac{\mathrm{d}\theta_a}{\mathrm{d}t} = \frac{1}{mv\cos\psi_2}F_{y_2}$$

$$\frac{\mathrm{d}\psi_2}{\mathrm{d}t} = \frac{F_{z_2}}{mv}$$

$$\frac{d\omega_\xi}{dt} = \frac{1}{C}M_\xi$$

$$\frac{d\omega_\eta}{dt} = \frac{1}{A}M_\eta - \frac{C}{A}\omega_\xi\omega_\zeta + \omega_\zeta^2\tan\varphi_2$$

$$\frac{d\omega_\zeta}{dt} = \frac{1}{A}M_\zeta + \frac{C}{A}\omega_\xi\omega_\eta - \omega_\eta\omega_\zeta\tan\varphi_2$$

$$\frac{d\varphi_a}{dt} = \frac{\omega_\zeta}{\cos\varphi_2}$$

$$\frac{d\varphi_2}{dt} = -\omega_\eta$$

$$\frac{d\gamma}{dt} = \omega_\xi - \omega_\zeta\tan\varphi_2$$

$$\frac{dx}{dt} = v\cos\psi_2\cos\theta_a$$

$$\frac{dy}{dt} = v\cos\psi_2\sin\theta_a$$

$$\frac{dz}{dt} = v\sin\psi_2$$

$$\sin\delta_2 = \cos\psi_2\sin\varphi_2 - \sin\psi_2\cos\varphi_2\cos(\varphi_a - \theta_a)$$

$$\sin\delta_1 = \cos\varphi_2\sin(\varphi_a - \theta_a)/\cos\delta_2$$

$$\sin\beta = \sin\psi_2\sin(\varphi_a - \theta_a)/\cos\delta_2$$

以上 15 个方程就构成了弹丸刚体运动的一般形式，其中包含 15 个参量，分别如下：

①速度 v；

②速度高低角 θ_a；

③速度方向角 ψ_2；

④弹丸绕 $O\xi$ 轴的转动角速度 ω_ξ；

⑤弹丸绕 $O\eta$ 轴的转动角速度 ω_η；

⑥弹丸绕 $O\zeta$ 轴的转动角速度 ω_ζ；

⑦弹轴高低角 φ_a；

⑧弹轴方位角 φ_2；

⑨射距位移 x；

⑩高低位移 y；

⑪方向位移 z；

⑫滚动角 γ；

⑬方向攻角 δ_2 ;

⑭高低攻角 δ_1 ;

⑮转角 β 。

为了得到刚体运动方程的具体形式，下面给出作用在弹丸上的气动力和力矩表达式。

$$F_{x_2} = -\frac{\rho v_r}{2} S c_x (v - \omega_{x_2}) + \frac{\rho}{2} S c_y \frac{1}{\sin\delta_r} \left[v_r^2 \cos\delta_2\cos\delta_1 - v_{r\xi}(v - \omega_{x_2}) \right] +$$

$$\frac{\rho v_r}{2} S c_z \frac{1}{\sin\delta_r} (-\omega_{z_2}\cos\delta_2\sin\delta_1 + \omega_{y_2}\sin\delta_2) - mg\sin\theta_a\cos\psi_2$$

$$F_{y_2} = \frac{\rho v_r}{2} S c_x \omega_{y_2} + \frac{\rho}{2} S c_y \frac{1}{\sin\delta_r} (v_r^2\cos\delta_2\sin\delta_1 + v_{r\zeta}\omega_{y_2}) +$$

$$\frac{\rho v_r}{2} S c_z \frac{1}{\sin\delta_r} ((v - \omega_{x_2})\sin\delta_2 + \omega_{z_2}\cos\delta_2\cos\delta_1) - mg\cos\theta_a$$

$$F_{z_2} = \frac{\rho v_r}{2} S c_x \omega_{z_2} + \frac{\rho}{2} S c_y \frac{1}{\sin\delta_r} (v_r^2\sin\delta_2 + v_{r\zeta}\omega_{z_2}) +$$

$$\frac{\rho v_r}{2} S c_z \frac{1}{\sin\delta_r} \left[-\omega_{y_2}\cos\delta_2\cos\delta_1 - (v - \omega_{x_2})\cos\delta_2\sin\delta_1 \right] + mg\sin\theta_a\sin\psi_2$$

$$M_\xi = -\frac{\rho S l d}{2} v_r m'_{xz} \omega_\xi$$

$$M_\eta = \frac{\rho S l}{2} v_r m_z \frac{1}{\sin\delta_r} v_{r\zeta} - \frac{\rho S l d}{2} v_r m'_{zz} \omega_\eta - \frac{\rho S l d}{2} m'_y \frac{1}{\sin\delta_r} \omega_\xi v_{r\eta}$$

$$M_\zeta = -\frac{\rho S l}{2} v_r m_z \frac{1}{\sin\delta_r} v_{r\eta} - \frac{\rho S l d}{2} v_r m'_{zz} \omega_\zeta - \frac{\rho S l d}{2} m'_y \frac{1}{\sin\delta_r} \omega_\xi v_{r\zeta}$$

则有

$$v_r = \sqrt{(v - \omega_{x_2})^2 + \omega_{y_2}^2 + \omega_{z_2}^2}$$

$$\delta_r = \arccos(v_{r\xi}/v_r)$$

$$v_{r\xi} = (v - \omega_{x_2})\cos\delta_2\cos\delta_1 - \omega_{y_2}\cos\delta_2\sin\delta_1 - \omega_{z_2}\sin\delta_2$$

$$v_{r\eta} = v_{r\eta_2}\cos\beta + v_{r\zeta_2}\sin\beta$$

$$v_{r\zeta} = -v_{r\eta_2}\sin\beta + v_{r\zeta_2}\cos\beta$$

$$v_{r\eta_2} = -(v - \omega_{x_2})\sin\delta_1 - \omega_{y_2}\cos\delta_1$$

$$v_{r\zeta_2} = -(v - \omega_{x_2})\sin\delta_2\cos\delta_1 + \omega_{y_2}\sin\delta_2\sin\delta_1 - \omega_{z_2}\cos\delta_2$$

$$\omega_{x_2} = \omega_x\cos\psi_2\cos\theta_a + \omega_z\sin\psi_2$$

$$\omega_{y_2} = -\omega_x\sin\theta_a$$

$$\omega_{z_2} = -\omega_x\sin\psi_2\cos\theta_a + \omega_z\cos\psi_2$$

$$\omega_x = -\omega\cos(\alpha_W - \alpha_N)$$

$$\omega_z = -\omega\sin(\alpha_W - \alpha_N)$$

式中，ω 为风的参量——风速；α_N 为射击方向与正北方向夹角；α_W 为来风方向与正北方向夹角。

这些方程构成弹丸的六自由度弹道方程，当已知弹丸结构参数、气动力参数、射击条件、气象条件、起始条件时，就可以积分求得弹丸的运动规律和任意时刻的弹道诸元。

确定初始值之后，联立方程组并采用四阶 Runge – Kutta 方法求解。一般情况下，s 个微分方程与 t 个代数方程共同组成的方程组，共有变量 $s + t$ 个。求解该方程组的前提是方程组个数与变量个数相同，可通过将 $s + t$ 个变量中第 $s + 1, \cdots, s + t$ 个变量表示成第 $1, \cdots, s$ 个变量的函数来实现，即

$$\begin{cases} \dfrac{\mathrm{d}y_i}{\mathrm{d}x} = f_i(x_1, y_1, \cdots, y_s) \\ y_i(x_0) = y_{i0} \end{cases} \quad (i = 1, 2, \cdots, s) \tag{4 - 62}$$

取步长 $h = x_{n+1} - x_n$，如果已知 x_n、$y_{i,n}$，则可以用式（4 – 63）确定 x_{n+1} 时的 $y_{i,n+1}$（$i = 1, 2, \cdots, s$）：

$$y_{i,n+1} = y_{i,n} + \dfrac{h}{6}(K_{i,1} + 2K_{i,2} + 3K_{i,3} + K_{i,4}) \quad (i = 1, 2, \cdots, s) \tag{4 - 63}$$

有

$$\begin{cases} K_{i,1} = f_i(x_n, y_{1,n}, \cdots, y_{s,n}) \\ K_{i,2} = f_i\left(x_n + \dfrac{h}{2}, y_{1,n} + \dfrac{h}{2}K_{1,1}, \cdots, y_{s,n} + \dfrac{h}{2}K_{s,1}\right) \\ K_{i,3} = f_i\left(x_n + \dfrac{h}{2}, y_{1,n} + \dfrac{h}{2}K_{1,2}, \cdots, y_{s,n} + \dfrac{h}{2}K_{s,2}\right) \\ K_{i,4} = f_i(x_n + h, y_{1,n} + hK_{1,3}, \cdots, y_{s,n} + hK_{s,3}) \end{cases} \quad (i = 1, 2, \cdots, s)$$

$$\tag{4 - 64}$$

4.4 射 表

4.4.1 射表的内容与形式

射表是保证无坐力武器进行有效射击的重要产品，是瞄准装置的重要组成部分，是决定射击诸元和指挥射击的重要依据。一个完整的射表除包含基本诸元、

修正诸元和散布诸元外，还应包含火炮系统、弹药、引信的基本知识以及关于射表编制的必要知识等。

基本诸元主要是指射程和射角的对应关系以及落角、落速、飞行时间和弹道顶点高度等。射程和射角的关系是射表中最基本的关系。在测出了敌方目标距炮口的水平距离 X 后，就可以由射表查出用炮进行射击所需的射角，落角可作为判定是否产生跳弹和进行跳弹射击的参考，落速可作估算落点的弹丸动能和穿透力大小之用，飞行时间主要用来计算对活动目标射击的提前量等，而弹道顶点高度除作计算弹道平均值时的分层参考外，还可以用来判断能否越障碍对目标进行射击。

修正诸元是在实际的射击条件下对射程、射角和飞行时间进行修正用的。

射程修正包括如下内容：

①气温相差 10 ℃时的射程修正量；

②气压相差 10 mmHg（1.333 kPa）时的射程修正量；

③纵风 10 m·s^{-1}时的射程修正量；

④弹丸质量相差 0.67%（一个弹丸质量级）时的射程修正量；

⑤药温相差 10 ℃时的射程修正量；

⑥初速相差 1%时的射程修正量。

射角修正包括如下内容：

①偏流；

②横风 10 m·s^{-1}时的射角修正量。

飞行时间修正包括如下内容：

①气温相差 10 ℃时的时间修正量；

②气压相差 10 mmHg 时的时间修正量；

③纵风 10 m·s^{-1}时的时间修正量；

④弹丸质量相差 0.67%时的时间修正量；

⑤药温相差 10 ℃时的时间修正量；

⑥初速相差 1%时的时间修正量。

散布诸元包括距离中间误差、方向中间误差和高低中间误差。这些主要用来估算摧毁一定目标时所需要弹药的数量。

还有当目标不在炮口水平面上的高角修正量表。弹道风分解表、高差函数表、简明射表也常为射击所需要。关于火炮系统、弹药和引信的知识这里不做详细介绍。一般无坐力武器杀爆弹射表内容和形式如图 4-9 所示。

射距	表尺	表尺改变1mil位移距离改变量	表尺改变1mil高低点高低改变量	空炸表尺	空炸时间	飞行时间	最大弹道高	修正量							落角	落速	偏流	公算偏差			射距
								方向		距离								距离	高低	方向	
								横风10 m/s	纵风10 m/s	气压	气温10 ℃	药温增加10 ℃	药温降低10 ℃	初速1%							
m	mil	m	m	mil	ms	ms	m	mil	m	m	m	m	m	m	(°)	m/s	mil	m	m	m	m

图 4-9　无坐力武器杀爆弹射表内容和形式

4.4.2　无坐力武器射表特点

无坐力武器配置的弹药种类多，未来将有十多种弹药，而每种弹药的使用要求和功能各不相同，因此也对弹药的射表提出了不同的要求。以往的单兵无坐力武器的射表都是适用于射手的，而新编制的无坐力武器的射表是适用于无坐力炮智能火控系统的，因此与以往有着显著的区别。下面以无坐力炮杀爆弹为例，列举与传统射表的不同之处。

①对火炮的要求不同。

以往的地炮的射击均有固定的发射平台，而无坐力炮是射手扛在肩上射击，因此原则上射表试验应该是射手扛在肩上射击。然而射表需要射击的弹药数量众多，如果是射手来射击，则编制射表的数据将与射手水平密切相关，不同射手射击则有可能导致编制的射表数据出现差异，这是不可取的。目前的常规做法是将无坐力炮固定在炮架上进行射表试验（这种方法并没有形成相关标准）。炮架的结构、固定方式以及炮架射击是否与人的射击特点一致，尚缺乏足够的理论支撑。

②弹道模型的采取不同。

以往的《地炮甲弹射表编拟方法》（GJB 8466—2015）和《地炮榴弹射表编拟方法》（GJB 7915—2012）中选取的弹道模型是刚体弹道模型或者是修正质点弹道模型。而无坐力炮的弹药种类多，且射程和初速均较小，因此考虑到射表编制的效率和成本问题，目前选取的是质点弹道模型。

③编制的内容和以往的射表不同。

以杀爆弹为例，需要引信和射表的空炸时间配合来实现定距空炸功能，这一过程的实现原理、方法和试验在以往的弹药射表编制理论中没有涉及。

④偏流。

现有无坐力炮杀爆弹其射程已达 3 000 m，出现的横向偏移相对较大，这对于无坐力炮杀爆弹的精确打击能力影响已经达到了不可忽视的地步，其偏流的影响因素和精确计算对于射表编制也尤为重要。

⑤高角修正量。

现在的无坐力炮已经能够较好地应用于城市作战和山地战，因此存在炮目高低角时的高角修正量也是需要考虑的因素。

1. 定距空炸

为了达到更好的杀伤效果，无坐力武器榴弹有时会采用在目标上方一定距离爆炸的方式，这需要精确地控制爆炸时间，在特定的距离下进行爆炸毁伤，即所谓的定距空炸。一般采用定时引信实现定距空炸，电子定时引信的定距精度是影响空炸精度的主要影响因素之一，而炮口初速误差是电子定时引信定距精度的主要影响因素。基于炮口初速修正的电子定时引信是实现高精度定距空炸的主要方式之一。对于旋转稳定弹丸的炮口初速自测方法有两种：分别为炮口磁铁 – 感应线圈测速法和计转数地磁测速法。其中，由于轻量化线膛无坐力炮系统为多次重复使用武器，而炮口磁铁 – 感应线圈测速法需要在发射器上预埋磁铁，可靠性不高，特别是发射器寿命后期可能会由磁铁位置出现偏差造成较大的测速误差，进而导致空炸精度出现系统偏差。因此炮口磁铁 – 感应线圈测速法不适用于轻量化线膛无坐力炮系统。计转数地磁测速法的本质是用火炮缠角、弹丸初速和转速之间存在的对应关系实现弹丸炮口初速的测量。但是地磁传感器易受弹体、引信体等铁磁物质的磁屏蔽及外界磁场变化的影响，抗干扰能力差，同样不适用于轻量化线膛无坐力炮系统。

针对轻量化线膛无坐力炮系统的特性和精确定距空炸的要求，选用一种新的计转速定距空炸方式。其原理是发射前，综合信息处理模块将定距参数发送给引信，在弹丸出炮口后，引信测量出弹丸转速，然后根据弹丸转速和飞行速度的对应关系，计算出弹丸实际飞行速度，最后根据实际飞行速度和定距参数，计算出实际定时时间。具体利用如下公式：

$$v_{理论}t_{理论} = v_{测}t_{实} \tag{4-65}$$

式中，$v_{理论}$ 和 $t_{理论}$ 分别为理论的飞行速度和飞行时间；$v_{测}$ 为引信测得的飞行速度（利用测得的转速和装定动态缠距计算得到，并且可以通过高速摄像进行测试）；$t_{实}$ 为计算得到的实际空炸时间。

上述方法又称"反比例"修正方法。需要注意装定动态缠距的具体数值如何选取。对于一般等齐膛线火炮，缠距是一个确定的参量，如图 4-10 所示，缠距 h、缠角 θ 和身管口径 D 存在如下关系：

$$h = \pi D/\tan\theta \tag{4-66}$$

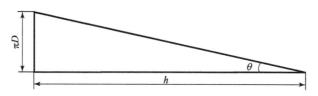

图 4-10　等齐膛线火炮的缠距、缠角与身管口径之间的关系

当弹丸前进距离为一个缠距时，弹丸沿膛线旋转一整圈，时间为 t，由此推导初速 v 与转速 n 的关系如下：

$$t = h/v = 1/n, \quad v = hn \tag{4-67}$$

但是轻量化线膛无坐力炮在发射过程中发射器会产生扭转，导致弹丸转速的丢失，进而导致式（4-67）中的实际缠距发生变化，这里定义在考虑真实转速下修正过的缠距即为上述的装定动态缠距。

2. 大俯仰角下的高角修正量

现代的无坐力炮能够广泛适应于城市作战和山地作战，在很多情况下需要打击的目标与发射阵地并不在同一水平面，如需要打击某幢楼房的某一层或者是打击山顶上的目标。这与打击和发射阵地在同一水平面上的目标不同，需要进行修正。

假定目标高于射击平面 Δy，水平距离为 x，如图 4-11 所示。

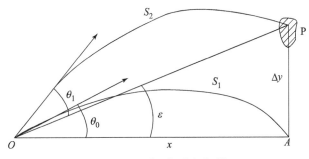

图 4-11 对目标进行仰射

OA 为水平面，P 为需要打击的目标，则图中的 ε 为炮目高低角

$$\varepsilon = \arctan \frac{\Delta y}{x} \tag{4-68}$$

为射中目标 P，需要赋予火炮瞄准角 α_1（瞄准角）

$$\alpha_1 = \theta_1 + \varepsilon \tag{4-69}$$

在计算基本诸元时，已计算出了射距 x 对应的高角 α_0，若是打击水平面上射距为 x 的目标，则 $\alpha_0 = \theta_0$，甚至在炮目高低角 ε 较小时，这一条件也能成立。

然而当无坐力炮进行城市作战和山地作战时，炮目高低角 ε 有可能会变得较大，此时 $\theta_0 \neq \theta_1$，因而对目标 P 射击时，不能用 θ_0 代替 θ_1，需要在 θ_0 上加一个修正量 $\Delta\alpha$，即

$$\Delta\alpha = \theta_0 - \theta_1 \tag{4-70}$$

称 $\Delta\alpha$ 为炮目高低角 ε 的高角修正量。

上面介绍了高角修正量的概念，下面将介绍利用弹道模型计算高角修正量。在标准条件下，以高角 α_0 积分弹道，得到射距 R_b；不断改变高角计算弹道，直至在射距 R_b 处的弹道高 Y 满足公式（4-71），此时高角为 α_1。

$$|\varepsilon_0 - 954.93\arctan (Y/R_b)| \leqslant 10^{-6} \tag{4-71}$$

则高角修正量公式为

$$\Delta \alpha = \alpha_1 - \alpha_0 \qquad\qquad (4-72)$$

目标低于炮口水平面与目标高于炮口水平面时的高角修正量计算方法相同。以高角 60 mil、炮目高低角 300 mil 为例。

当炮目高低角为 0、高角 $\alpha_0 = 60$ mil 射击时，射距 $R_b = 619.683$ m。当按照 $\varepsilon_0 + \alpha_0 = 360$ mil 射击，射距为 R_b 时，射高 $Y = 200.188$ m。而目标高 $Y_0 = R_b \tan \varepsilon_0 = 201.238$ m。此时，通过调整高角为 $\alpha_1 = (60 + 1.6)$ mil $= 61.6$ mil，使得 $\varepsilon_0 + \alpha_1 = 361.6$ mil，弹丸正好打到目标，则 $\alpha_1 - \alpha_0 = (61.6 - 60)$ mil $= 1.6$ mil 为高角修正量。

3. 偏流

自线膛火炮出现后，人们就发现射出弹丸的落点偏离射击面，而且右旋弹偏右，左旋弹偏左，这一现象称为偏流。以往的 78 式 82 mm 无坐力炮，40 火等射程近、转速低，通常没有考虑偏流的影响，而现在的无坐力炮有了偏流，而且远距离影响还不能忽略，因此需要对偏流的影响因素进行分析。

下面给出偏流的物理解释：当旋转弹在空中飞行时，由重力的法向分量 $mg\cos\theta$ 使质心速度方向以 $|\dot\theta|$ 角速度向下转动，弹道逐渐弯曲而形成。由于当不受外力矩作用时，旋转稳定弹的弹轴在空间具有定向性，因此，当质心速度方向向下转弯后，如果弹轴不能追随弹道切线一同转动，势必会造成迎角不断增大并导致弹底着地，如图 4-12 所示。

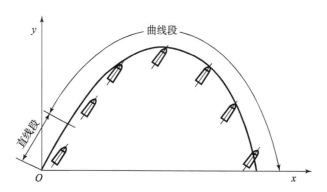

图 4-12 追随不稳定的弹丸

但设计良好的稳定弹丸（见图 4-13）并没有发生这种情况，表明弹轴能追随切线下降。根据动量矩定理，必定有力矩作用于其上，并且力矩向量应垂直于动量矩矢量或弹轴指向下方，方能使弹轴向下转动。而作用在弹上的力矩是空气

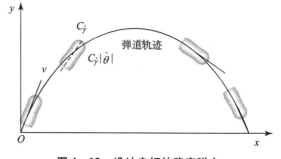

图 4-13 设计良好的稳定弹丸

动力矩，其中主要是静力矩，在这里即翻转力矩。为了形成矢量方向指向下的翻转力矩，力矩平面必须在横侧方向，这样弹轴必须离开速度矢量偏向两侧，从而形成位于侧方向的动力平衡角。对于右旋静不稳定弹，就偏向速度线的右侧。弹轴偏向速度线右侧，因而向右侧的升力分量将会导致弹丸向右偏转，从而形成偏流。

历史上曾经有较为简单的偏流计算公式，假设由动力平衡角产生的向右的平均加速度为 $\alpha_1/2$，则在全弹道上形成的偏流可以用式（4-73）进行计算：

$$z = \alpha_1 T^2 \tag{4-73}$$

对于无坐力炮，式中的 α_1 通常可以根据射击得到的偏流和飞行时间进行拟合。表 4-1 给出了不同射距下的横向偏移和偏流随射距的变化。

表 4-1 不同射距下的横向偏移和偏流随射距的变化

射距/m	400	1 000	1 500	2 000	2 500	3 000
横向偏移/m	0.3	1.9	5.0	10.4	19.7	40.7
偏流/mil	0.6	1.9	3.2	4.9	7.5	13.0

第 5 章

弹　药

5.1　概　述

无坐力炮作为单兵武器，其作战范围广、作战场景复杂，因此配套的弹药种类繁多。以最新的 M4 型"古斯塔夫"无坐力炮为例，其配用弹种约有 14 型 17 种。从类别上看，可分为 5 类，具体如下。

1. 多用途/反建筑型弹药

该类弹药共有 3 型 4 种，分别是 ASM 509 型云爆弹、MT 756 型攻坚弹、HEDP 502 及 HEDP 502 RS 型多用途弹。其中，云爆弹主要用于破坏建筑物结构，打击密闭、半密闭空间内的有生力量；攻坚弹用于打击城市建筑及内部目标，其威力足以在穿透 200 mm 混凝土墙后，杀伤半径不小于 6 m 内的有生力量；多用途弹主要用于打击轻型装甲车辆、混凝土墙、砖墙、野战工事、掩体及有生力量，其有效射程为运动目标 300 m、静止目标 500 m，破甲厚度 150 mm。

2. 反装甲型弹药（破甲弹）

该类弹药共有 3 型 4 种，分别是 HEAT 551 及 HEAT 551 CRS 型破甲弹、HEAT 751 型串联破甲弹和 HEAT 655 CS 型有限空间破甲弹。破甲弹主要用于打击装甲车辆、钢筋混凝土结构、着陆舰、飞行器等，采用压电引信，破甲厚度 350 mm，有效射程 700 m；串联破甲弹用于打击披挂反应装甲的装甲车辆，破甲厚度 500 mm，有效射程 600 m，同样采用压电引信，前级爆炸成型弹丸打击侵彻反应装甲，但是不引爆反应装甲；有限空间破甲弹主要用于特定作战环境，如城市作战中，可在 3 m×3 m×2.5 m 的狭小空间内发射，破甲厚度与串联破甲弹相同，但是有效射程降低为 300 m。

3. 反人员弹药

该类弹药共有 2 型 3 种，分别是 HE 441D 及 HE 441D RS 型杀爆弹、ADM 401 型榴霰弹（又称区域防御弹 areu defense munition，ADM）。其中，杀爆弹主要用于打击开阔地、障碍物后、战壕内的集群有生力量，也可打击轻型车辆，有效射程 1 250 m，内含 800 颗钢珠，采用"定距空炸 + 碰炸"方式，对于人员杀伤效果较好；榴霰弹主要用于打击近距离有生力量，有效射程 100 m，弹内预装 1 000 枚箭形弹，在 100 m 处散布为 5 ~ 10 枚/m²。

4. 特种弹药

该类弹药共有 2 型 2 种，分别为 ILLUM 545C 型照明弹和 SMOKE 469C 型发烟弹。其中照明弹用于战场照明，有效射程 300 ~ 2 100 m，可在直径 500 m 区域内进行 30 s 照明，光强不小于 650 000 cd；发烟弹有效射程 1 300 m。

5. 训练弹

该类弹药共有 2 型 4 种，主要用于日常的射击训练，分别是 TP 552、TPT 141 型 84 mm 全口径射击训练弹和 20 mm SUB – CALIBRE、7.62 mm SUB – CALIBRE 次口径射击训练弹。

此外，萨博公司也在积极为"古斯塔夫"研发新型的弹药，重点之一就是 CG ULM 超轻型导弹，采用"发射前锁定，发射后不管"的红外寻的制导技术，重点打击运动及静止状态的装甲车辆、火力点和低空目标等，有效射程 2 000 m。

5.2 节和 5.3 节主要对榴弹和破甲弹两种典型的弹药类型进行介绍，5.4 节给出典型的无坐力炮弹药产品。

5.2 榴 弹

榴弹是依靠炸药爆炸后产生的气体膨胀功、爆炸冲击波和弹丸破片动能来摧毁目标的。前者是榴弹的爆炸破坏（简称爆破）作用，主要对付敌方的建筑物、武器装备及土木工事；后者是榴弹的杀伤破坏（简称杀伤）作用，主要对付敌方的有生力量。通常，把以爆破作用为主的弹丸称为爆破榴弹，把以杀伤作用为主的弹丸称为杀伤榴弹，把两者兼顾者称为杀伤爆破榴弹（简称杀爆弹）。

图 5 – 1 给出了"古斯塔夫"无坐力炮杀爆弹（high explosive，HE）的示意，主要包括战斗部和药筒两个部分。药筒内部装有发射药，发射时在无坐力炮身管内推动弹丸运动，赋予弹丸在出炮口时一定的速度。弹丸头部是引信，战斗部内部有炸药和钢珠，炸药爆炸后产生巨大的能量，将钢珠高速抛洒出去杀伤目标。

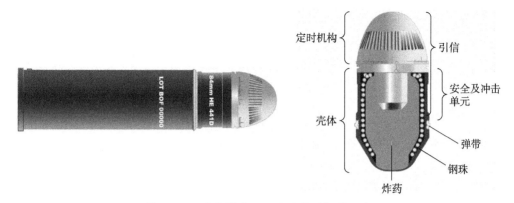

图 5 – 1 "古斯塔夫"无坐力炮杀爆弹示意

5.2.1 杀伤机理

1. 爆破作用

弹丸在目标处的爆炸，是从炸药的爆轰开始的。通常认为，引信起作用后，弹丸壳体内的炸药瞬时引爆，产生高温、高压的爆轰产物。该爆轰产物猛烈地向四周膨胀，一方面使弹丸壳体变形、破裂，形成破片，并赋予破片以一定的速度向外飞散；另一方面，高温、高压的爆轰产物作用于周围介质或目标本身，使目标遭受破坏。

弹丸在空气中爆炸时，爆轰产物猛烈膨胀，压缩周围的空气，产生空气冲击波。空气冲击波在传播过程中将逐渐衰减，最后变为声波。空气冲击波的强度，通常用空气冲击波峰值超压（即空气冲击波峰值压力与大气压力之差）Δp_m 来表征。球形 TNT 炸药在空气中爆炸时，其空气冲击波峰值超压可如下计算：

$$\Delta p_m = 0.082 \frac{\sqrt[3]{m}}{r} + 0.265 \left(\frac{\sqrt[3]{m}}{r}\right)^2 + 0.687 \left(\frac{\sqrt[3]{m}}{r}\right)^3 \qquad (5-1)$$

式中，m 为炸药质量，kg；r 为到爆炸中心的距离，m。

空气冲击波峰值超压越大，其破坏作用也越大。空气冲击波超压对目标的破坏作用如表 5 – 1 所示。

表 5 – 1 空气冲击波超压对目标的破坏作用

超压 $\Delta p_m/(\times 10^4\ \text{Pa})$		破坏能力
对人员的杀伤	<1.96	无杀伤作用
	1.96 ~ 2.94	轻伤
	2.94 ~ 4.90	中等伤害
	4.90 ~ 9.81	重伤，甚至死亡
	>9.81	死亡

续表

超压 $\Delta p_m/(\times 10^4\ Pa)$		破坏能力
对飞机的破坏	1.95 ~ 2.94	各种飞机轻微损伤
	4.90 ~ 9.81	活塞式飞机完全破坏，喷气式飞机严重破坏
	>9.81	各种飞机完全破坏

2. 杀伤作用

当弹丸爆炸时，弹体将形成许多具有一定动能的破片。这些破片主要用来杀伤敌方的有生力量（人员或马匹等），但也可以用来毁伤敌方的器材和设备等。从破片的主要作用出发，通常把破片对目标的作用称为榴弹的杀伤作用。弹丸爆炸后，破片经过空间飞行到达目标表面，进而撞击人体的效应属于"终点弹道学"的范畴，而穿入人体后的致伤效应与致伤原理则属于"创伤弹道学"的研究对象。随着科学技术的发展，杀伤破片和杀伤元素（如钢珠、钢箭等）的应用发展很快，创伤弹道学的理论和实验也有所发展，这对认识和提高榴弹的杀伤作用很有帮助。

破片侵入人体后，一方面是向前运动，造成人体组织被穿透、断离或撕裂，从而形成伤道。当破片动能较大时，破片可产生贯穿伤；当破片动能较小时，破片可留于人体内而形成盲伤。有时速度较大的破片遇到密度大的脏器（如骨骼等）时还可能发生拐弯或者将其击碎，从而形成"二次破片"，引起软组织的广泛损伤。另一方面，由于冲击压力的作用，破片将迫使伤道周围的组织迅速向四周位移，形成暂时性的空腔（其最大直径可比原伤道大几倍或几十倍），从而造成软组织的挤压、移位挫伤或粉碎性骨折等。

破片致伤的伤情既取决于破片本身的致伤力，又与所伤组织或脏器的部位和结构有关。破片本身的致伤力，包括破片动能、质量、速度、形状、体积和运动稳定性等，其中以速度最为重要。由于在动能相同的条件下，质量小而速度快的破片，其能量释放快，致伤效果好，因而国外对破片多控制在 1 g 以下。

弹丸破片的形成过程是极为复杂的，影响因素有很多，从理论上对此进行充分的描述尚有困难。目前，主要还是借助于实验的方法进行研究和分析。

5.2.2　杀伤评估

1. 有效破片与杀伤破片的概念

榴弹的杀伤作用主要靠破片，但不是所有的破片都能对目标形成有效杀伤，下面介绍有效破片和杀伤破片的概念。

有效破片是指弹丸爆炸后，那些对目标具有杀伤能力的初始破片。初速高的破片，破片相应的质量较小。此外，有效破片的具体质量还取决于杀伤判据。当破片初速为 1 000 m/s 时，根据动能判据，其有效破片质量为 0.16 ~ 0.2 g。

杀伤破片是指在一定距离上，仍具有杀伤能力的破片。可见，质量较小的有效破片，在飞行不大的距离后，就不再是杀伤破片了。

2. 榴弹杀伤面积测试方法

榴弹的杀伤作用主要用杀伤面积来衡量，一般有两种测试方法，即扇形靶方法和球形靶方法。

（1）扇形靶方法

采用扇形靶方法进行试验，所得到的杀伤面积称为扇形靶杀伤面积。扇形靶试验的布置情况如图 5 - 2 所示，弹丸直立于试验场中心，其质心距地面 1.5 m，引信口朝上。在距离中心 10 m、20 m、30m、40 m、50 m 和 60 m 处分别放置张角为 60°的扇形靶板，靶板高 3 m、厚 25 mm，用松木或棕木制成。

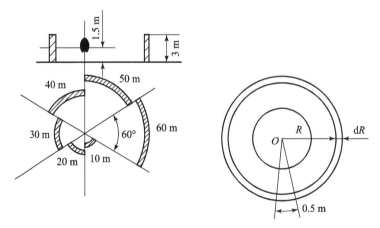

图 5 - 2 扇形靶试验的布置情况

弹丸爆炸后，破片将命中不同距离上的扇形靶板，分别统计各扇形靶板上的破片数。凡能击穿靶板的破片，计为杀伤破片；嵌入靶板的破片，2 块可折算为 1 块杀伤破片。假定弹丸爆炸后，破片在侧向圆周上的分布是均匀的，这样就可由各个距离上扇形靶板测得的破片数求出不同距离处各圆周上的破片总数。

以 N'_i 表示任一扇形靶板上的杀伤破片数，R_i 表示任一扇形靶板距弹丸质心的距离，在 R_i 处，整个圆周上的杀伤破片总数为 $6N'_i$，则可作出 $R_i - N'_i$ 曲线，如图 5 - 3 所示。

扇形靶方法的杀伤面积 S 可定义为

$$S = S_0 + S_1 \qquad\qquad (5-2)$$

式中，S_0 为密集杀伤面积；S_1 为疏散杀伤面积。

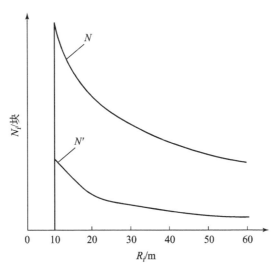

图 5 – 3　杀伤破片数随距离的变化曲线

密集杀伤面积是指在该圆周区域内，设置人形靶（高 1.5 m、宽 0.5 m、厚 25 mm 的松木板）时，能保证平均被一块杀伤破片击中时的面积。密集杀伤面积可表示为杀伤半径的函数，即

$$S_0 = \pi R_0^2 \qquad\qquad (5-3)$$

对应密集杀伤面积的半径 R_0，称为密集杀伤半径。疏散杀伤面积，按式（5 – 4）定义为

$$S_1 = \int_{R_0}^{R_m} \gamma 2\pi R \mathrm{d}R \qquad\qquad (5-4)$$

式中，R 为半径变量；γ 为在半径为 R 的圆周上每个人员目标接受的平均杀伤破片数；R_m 为扇形靶试验布置的最大半径（对于口径大于或等于 76 mm 的榴弹为 60 m，口径小于 76 mm 的榴弹为 24 m）。

图 5 – 3 中的 N' 是击在 1/6 圆周、高 3 m 的扇形靶板上的杀伤破片数。在整个圆周高 1.5 m 的目标靶上的杀伤破片数 $N = 3N'$。

（2）球形靶方法

弹丸在空间某一位置爆炸，假定有一个球面包围着它，则向四周飞散的破片就击在球面上。根据破片击在球面上的痕迹，可以获得破片在各处的分布密度，这就是球形靶方法。

用球形靶方法求杀伤面积，还必须利用弹丸破碎性试验测定破片的质量分布，然后才能处理出杀伤面积。设弹丸在目标上空某一高度处爆炸，破片向四周飞散，其中部分破片击中地面上的目标并使其伤亡，如图 5 - 4 所示。

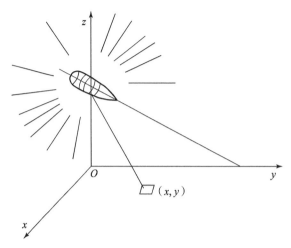

图 5 - 4　弹丸对地面目标的杀伤

在地面任一处 (x,y) 取微元面 $\mathrm{d}x\mathrm{d}y$，设目标在此微元面内被破片击中杀伤的概率为 $P(x,y)$，则微元面内的杀伤面积为 $\mathrm{d}s = P(x,y)\mathrm{d}x\mathrm{d}y$，全弹杀伤面积可表示为

$$S = \int_{-\infty}^{\infty} \int_{-\infty}^{\infty} P(x,y)\mathrm{d}x\mathrm{d}y \qquad (5-5)$$

可以看出，杀伤面积是一个等效面积，它意味着若目标在地面以一定方式布设，目标密度 σ 为常数，则微面积 $\mathrm{d}x\mathrm{d}y$ 内的目标个数的预期值为

$$n_k = \int_{-\infty}^{\infty} \int_{-\infty}^{\infty} \sigma P(x,y)\mathrm{d}x\mathrm{d}y = \sigma S \qquad (5-6)$$

即目标被杀伤数目的数学期望 n_k，直接与弹丸的杀伤面积 S 成比例。当弹丸杀伤面积已知时，将它乘以目标密度，即可求出目标被杀伤数目的预期值。

为了求杀伤面积，除须给出有关目标的数据、杀伤准则外，还需要知道弹丸的破片初速、破片的质量分布和飞散时的密度分布，以及破片速度的衰减规律，然后按一定的模型进行计算。

与球形靶方法相比，扇形靶方法试验项目较少，它的杀伤面积主要通过将试验数据稍做处理求得，在某些情况下常常不能对弹丸的威力做出全面的评价，甚至出现明显有偏差的检验结果。而球形靶方法须涉及许多中间环节（如有关破片的形成、飞散、飞行中的衰减等）的计算与测试，计算较复杂，所得结果比较接近实际，若免去许多中间环节的计算与测试，则具有简单、易行的优点。

5.3 破 甲 弹

破甲弹是一种利用门罗效应穿透装甲的成型装药弹药。弹头起爆时，炸药爆轰将弹头内的药型罩压垮形成金属射流，高速的金属射流可以穿透装药直径 6~7 倍的均质钢装甲。

图 5-5 所示是"古斯塔夫"无坐力炮的破甲弹（high explosive anti-tank，HEAT）示意图，又称高爆反坦克弹药。其用于对付所有类型的装甲战车，包括装有防护装置（如裙板、格栅和其他装置）的装甲战车。

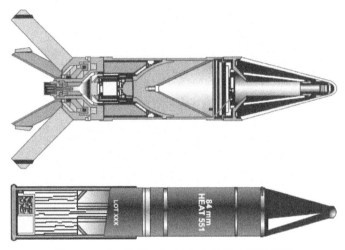

图 5-5 "古斯塔夫"无坐力炮的破甲弹示意

该弹头由一个塑料壳体和一个轻质合金通道组成，该通道的目的是保证聚能战斗部有合适的炸高，在通道的前段还有一个钢制边缘，用于减少弹壳在撞击点滑动的趋势。

弹体由轻合金制成，内部包含 500 g 奥克托儿炸药和一个药型罩。

火箭发动机采用轻合金制造。外壳的底部形成了火箭燃烧室的前盖。尾部封闭，也是轻合金，有一个火箭发动机喷嘴，并包含延迟单元和点火装药。火箭发动机装药由约 300 g 无烟双基推进剂组成。

发射时，发射药燃气点燃延迟药剂，继而通过延迟装置中的中间药剂点燃火箭发动机的点火药。点火药随后点燃火箭发动机的主装药，压力随之上升。为了确保火箭推进剂的有效点燃，延迟装置设计成在发动机压力超过预定值时离开喷嘴。此时，炮弹距离火炮大约 18 m。在离开喷嘴后，延迟装置会以较慢的速度沿着射击线继续向前推进。火箭发动机的推进剂燃烧时间为 1.5 s。

稳定装置在装药筒时安装在火箭发动机的尾部，由轻合金制成的尾翼部分和带有两个止回气阀的柱塞装置组成。

下面介绍聚能装药（shaped charge）的毁伤机理。图 5 - 6 给出了炸药爆炸作用下药型罩形成金属射流的过程，其中数字 1、2、3 和 4 分别对应初始药型罩上不同的位置，以及在炸药爆炸作用下位置的变化。典型的聚能装药结构是一端有空穴，在空穴表面内衬有一定厚度的金属药型罩，在另一端有圆柱形炸药。装药引爆后，爆轰波以球面波的形式从起爆点开始在装药中传播，高能炸药的爆轰波速度可达 8 km/s 以上，药型罩在爆轰波和高压爆轰产物的耦合作用下，在极短的时间内产生剧烈变形并急剧加速，快速向装药轴线压合，压合速度可达 2 000 m/s 以上；药型罩向轴线压合过程中，收缩和挤压作用使药型罩在壁厚方向存在速度梯度，内壁面（空穴面）速度高、外壁面（与装药接触面）速度低；药型罩材料在轴线上碰撞、汇聚和堆积使能量得以重新分配，最终使少部分的内层材料被挤出，形成很高速度的射流，其余大部分的外层材料聚合形成较低速度的杆体。锥形药型罩由顶部到底部的装药与罩微元的质量比逐渐减小，使压合速度依次降低，因此射流沿长度方向存在速度梯度，头部速度高、尾部速度低，头部速度可超过 10 km/s。射流在长度方向速度梯度的存在，使其在高速运动的过程中不断拉长，射流拉长到一定程度时将断裂成近似柱形的颗粒。这一现象最早称为门罗效应。

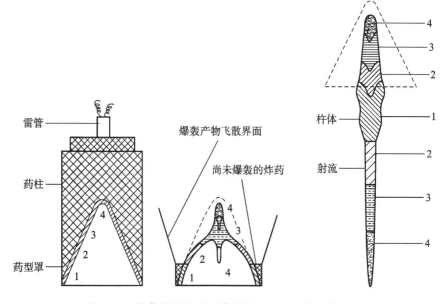

图 5 - 6　炸药爆炸作用下药型罩形成金属射流的过程

从提高侵彻深度的角度，金属药型罩选材的基本要求是密度大、可压缩性小、汽化温度高以及延展性好等，目前铜是最为普遍的药型罩材料。

5.4 典型无坐力炮弹药

5.4.1 78 式 82 mm 无坐力炮弹药

78 式 82 mm 无坐力炮主要配用增程破甲弹、杀伤榴弹及杀伤燃烧弹 3 个弹种。其中增程破甲弹是该炮的主用弹种，用于击毁敌方轻中型坦克、自行火炮、装甲车及登陆工具。为了提高增程破甲弹的破甲威力，我国军工部门对其进行改进，又研制出 Ⅰ 型增程破甲弹、Ⅱ 型增程破甲弹。

78 式 82 mm 无坐力炮增程破甲弹由引信、战斗部、增程发动机、尾翼稳定装置及发射装药等组成。全弹质量 4.37 kg，全弹长 780 mm，直射距离 500 m，初速 252 m/s，破甲威力 150 mm/65°。Ⅰ 型增程破甲弹是增程破甲弹的改进产品，其结构、外形尺寸及弹道性能与增程破甲弹基本相同，主要改进了药型罩的结构形式，以进一步提高破甲威力。增程破甲弹采用单锥角药型罩，锥角为 50°。Ⅰ 型增程破甲弹采用双锥角药型罩，小锥角为 36°，大锥角为 62°，破甲威力达 150 mm/68°。Ⅱ 型增程破甲弹是 Ⅰ 型增程破甲弹的改进产品，破甲威力提高到 180 mm/68°，其采用双环境力保险机构及擦地炸的 DRD10 型机电引信。该引信炮口保险距离 12 m，距炮口 40 m 外可解除保险，以确保安全。而增程破甲弹、Ⅰ 型增程破甲弹采用的电 -1 式引信的炮口保险距离仅 3 m。图 5-7 所示为增程破甲弹全貌及其剖面示意图。

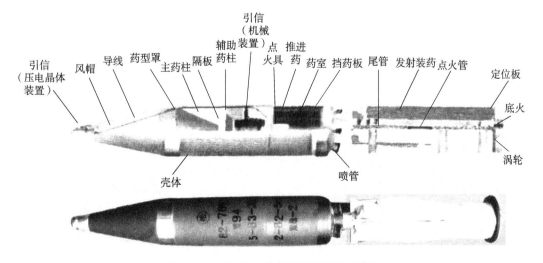

图 5-7 增程破甲弹全貌及其剖面示意图

5.4.2 "古斯塔夫"无坐力炮弹药

5.2 节～5.3 节已经介绍了"古斯塔夫"无坐力炮配备的杀爆弹和破甲弹，下面再给出几款典型弹药的介绍。

1. 高爆双用途弹药 HEDP 502/502 RS

高爆双用途弹药（high explosive dual purpose，HEDP）如图 5 - 8 所示。该弹药可以对装甲车辆造成杀伤，并具有延时作用，可以对野外防御工事和建筑物内爆炸造成毁伤。其核心部件是药型罩。弹体采用尾翼稳定方式，在飞行过程中缓慢旋转。火箭发动机使炮弹能够在短时间内获得平坦的弹道。

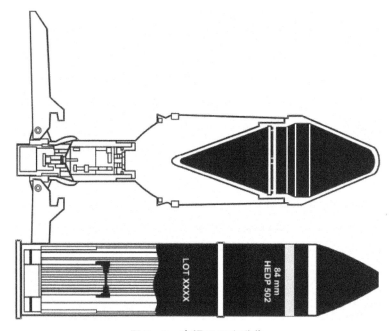

图 5 - 8　高爆双用途弹药

该型弹全弹重 3.3 kg，长度 437 mm，直径 84 mm。可穿透约 150 mm 厚的防护装甲，最小交战距离 150 m，最小解保距离 20 m，初速为 230 m/s。对移动目标的最大有效攻击范围为 300 m，对于野外防御工事等固定目标最大有效射程为 500 m，对于暴露部队最大有效射程增加到 1000 m。

2. 区域防御弹药 ADM 401

区域防御弹药如图 5 - 9 所示。其用于区域防护，在丛林或城市战争的严酷条件下用作近距离防护的杀伤性弹药。该弹药将在目标区域散布约 1 100 枚飞镖，距离为 100 m，目标高×宽为 2 m×7 m，面积为 14 m²。

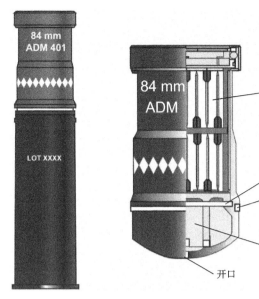

图 5 – 9　区域防御弹药

3. 照明弹 ILLUM 545C

照明弹如图 5 – 10 所示，设计旨在满足对目标区域进行快速照明的要求。弹丸自旋稳定，由射弹体、定时引信、弹带、降落伞、射弹底座和照明筒组成。射弹体由轻合金制成，弹带由铜制成。照明平均燃烧时间为 30 s。降落伞使照明筒以受控速度稳定下降。定时引信配有刻度设定环，刻度范围为 300 ~ 2 100 m，并细分为 300 m 的刻度。定时引信是手动设定的，并带有点击指示，可在黑暗中设定所需要的范围，还可以通过触摸不同的旋钮来识别不同的距离。

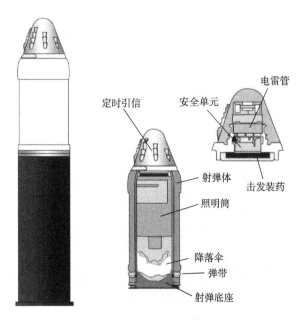

图 5 – 10　照明弹

4. 烟幕弹 SMOKE 469C

烟幕弹如图 5 - 11 所示。其战场战术用途是掩盖直射武器（如支援坦克、自行火炮、装甲战车、机枪等）。撞击后，可立即形成宽度为 10 ~ 15 m 且掩护效果良好的烟幕。使用此弹药可使分队在需要时快速设置烟幕。烟幕弹用于以下列出的许多战斗情况：①致盲，直接向目标发射炮弹；②掩护，敌方和友方位置之间；③标记，向炮兵或近距离空中支援显示目标位置。

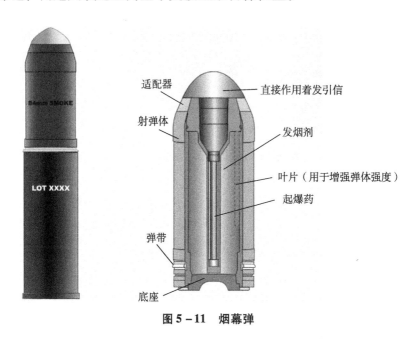

图 5 - 11　烟幕弹

第6章

射　击　学

6.1　概　述

在现代战争中，单兵射击技能的熟练程度直接关系到战场胜负。而无坐力炮作为一种重要的武器系统，也需要士兵具备良好的单兵射击技能来正确操作和利用。学习单兵射击学，能够让射手熟悉射击流程，掌握射击技巧，在面对各种复杂的战场环境时，能够做出正确的判断和应对，从而提高士兵的战斗力和生存能力。

射击过程很重要的部分是瞄准和瞄准装置（瞄镜），但是瞄准装置种类繁多，原理也各不相同，这里不作过多介绍，读者可以自行参考相关专著。本章主要是对第4章外弹道与射表的补充，主要介绍射击学的一些基本概念，以及和射击精度相关的内容。

6.2　射击学基本概念

6.2.1　角度测量

在火炮射击实践中通常采用方向分划和密位作为测角单位。

1. 方向分划

如果将半径为 R 的圆周划分为 6 000 等份（美军分为 6 200 等份，英军分为 6 400 等份），并将各点与圆心相连接，则得出 6 000 个相等的圆心角，此圆心角称为方向分划。设方向分划对应弧长为 l，用半径 R 的份数表示，得

$$l = 2\pi R / 6\,000 \tag{6-1}$$

将 $\pi = 3.14$ 代入，得

$$l = R / 955 \approx 0.001\,05R \tag{6-2}$$

因此一个方向分划≈0.001 05R。

2. 密位

如果设 π = 3，则此时

$$l = 2\pi R/6\ 000 = R/1\ 000 = 0.001R \qquad (6-3)$$

由此得到的角度测量单位比方向分划的单位略小，但是在实际射击使用中，密位比方向分划更为方便，因此常被使用。

密位与角度之间的转换非常简单。

①把密位换算为角度：将密位数值乘以 0.06 即可。例如，190 mil 转换为角度是 190 × 0.06 = 11.4°。

②把角度换算为密位：将角度数值除以 0.06 或者乘以 16.667（即 1/0.06）即可。例如，40.05°转换为密位是 40.05 × 16.667 ≈ 667.5 mil。

下面来建立密位、弧长及半径三者之间的关系。设两个等远的地物之间的距离为 B，弧长为 L，它们的夹角为 y，通过地物所作的圆的半径为 R（R 是地物至圆心的距离，见图 6-1）。

等于 1 mil 的弧长 $l = 2\pi R/6\ 000 = 0.001R$。由于两个等远地物之间的角是密位的 y 倍，故弧长 L 是弧长 l 的 y 倍，即

$$L = ly \text{ 或 } L = 0.001Ry \qquad (6-4)$$

从观察点看到两树间的地段如图 6-2 所示，此地段所对的角为 25 mil。从观察点至树的距离都等于 1 km。求两树间 AB 段的长度。

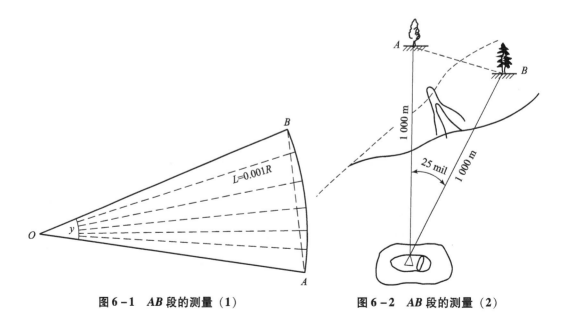

图 6-1 AB 段的测量（1）　　　　图 6-2 AB 段的测量（2）

已知 $R = 1\,000$ m，角度 $y = 25$ mil。根据式（6 – 4）可求出 AB 段的长度为

$$L_{AB} = 0.001R\,y = 0.001 \times 1\,000 \times 25 \text{ m} = 25 \text{ m}$$

6.2.2　瞄准的一般概念

1. 瞄准

水平瞄准和高低瞄准——旋转弹丸在飞行中由于重力和空气阻力的作用不断沿发射线下降和偏离射击方向，因此，为了命中目标，必须考虑弹丸在该射程上的下降量和可能的方向偏差，为使平均弹道通过目标而赋予炮膛轴线在水平面上和垂直面上的一定位置的操作称为瞄准。在水平面上和垂直面上的操作分别称为水平瞄准和高低瞄准。

直接瞄准和间接瞄准——根据射击任务性质、目标能见度及瞄具结构，瞄准可以分为直接瞄准和间接瞄准。直接瞄向目标称为直接瞄准。从武器所在处看不见目标时，利用辅助点（标杆）所进行的瞄准称为间接瞄准。

瞄准点——武器所瞄准的目标上或目标外的点。间接瞄准时利用辅助地物或专门设置的标杆进行瞄准，在这种情况下，地物或者标杆称为瞄准点。

瞄准线（line of sight）——从射手眼睛通过表尺照门上沿中心及准星顶点到瞄准点的直线。

瞄准基线长——表尺照门上沿中心至准星顶点的直线距离。

表尺距离——由起点到弹道与瞄准线交点的距离。

射线（line of elevation）——发射前炮膛轴线的延长线。

射面——通过射线的垂直面。

射角——射线与炮口水平面的夹角。

发射线——弹丸出炮口瞬间炮膛轴线的延长线。

发射差角——射线和发射线的夹角。如果发射线高于射线，则发射差角为正；如果发射线低于射线，则发射差角为负。

目标线垂直面——通过起点和目标的垂直面。

瞄准面——通过瞄准线的垂直面。

瞄准角——瞄准线和射线之间的夹角。

目标高低角——目标线（实际上就是瞄准线）与膛口水平面之间的夹角。

2. 直射和直射距离

当弹道最高点不超过给定目标高度时，弹道弯曲度对射击结果无重大影响，也就是说在这种情况下是直射。如果在整个表尺射程上弹道在瞄准线上的高度不超过目标，则此时的射击称为直射。此时得出的最大射程称为直射距离。对于无

坐力武器，一般目标高度为 2 m，直射距离一般指弹道高度为 2 m 时的射程。

3. 无坐力武器的方向

无坐力武器的方向是指手将武器定向到发现的目标方向。武器方向包括水平面（方位角）和垂直平面（仰角 QE）。一旦瞄准目标出现在射手的视场中，武器定向就完成了。武器水平方向覆盖了射手的正面弧，范围从左肩到射手的前方再到右肩的区域（见图 6 - 3）。

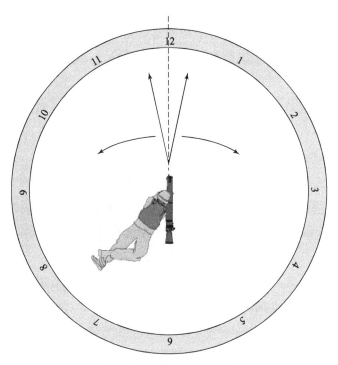

图 6 - 3　武器水平方向

垂直武器定向，包括武器定向到潜在或已确认目标的仰角方向。射手通常会在受限、山区或城市地形中使用垂直武器定向，在这种情况下，威胁会在高处或低处的射击位置出现（见图 6 - 4）。

4. 射击诸元

射击诸元通常分为三组：内在诸元（intrinsic element），表示弹道特点；初始诸元（initial element），表示起始点的火炮 - 弹丸特征；终点诸元（terminal element），表示那些在撞击或爆炸点的火炮 - 弹丸特征。

（1）内在诸元

轨迹：弹丸在空中飞行中的重心从炮口到撞击或爆炸点的轨迹路径（见图 6 - 5）。

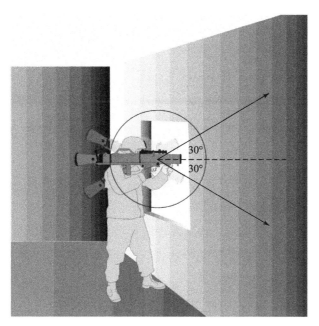

图6-4　垂直武器定向

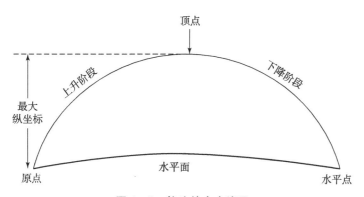

图6-5　轨迹的内在诸元

原点：当弹丸离开炮口时，弹丸的质心（CG）位置指定为轨迹原点。如果跳跃的大小和方向不清楚，则飞离线（departure）不能预先确定。因此，术语原点将指定为炮口中心的位置，它用于与轨迹诸元有关的其余定义。

顶点：轨迹的最高点。顶点的速度垂直分量为0。

最大纵坐标：原点和顶点之间的高度差。

水平点或平滑点（level point or point of graze）：轨迹和火炮水平面之间的交叉点。

海拔水平表面：球体（地球）的表面通过给定参考点的相切平面，其球半径等于地球的平均半径加参考点的海拔。除了大射程武器，水平表面和水平面是相同的。

水平面：通过给定参考点的相切于海拔水平表面的平面，与垂线成直角。

目标：射击指向的指定点。

飞行时间（TOF）：轨迹上的原点和指定点之间弹丸的飞行时间。当没有指定该点时，为水平点或者海拔水平点。

剩余速度：轨道上任意指定点的弹丸速度。当没有指定该点时，为水平点或海拔水平点。

射弹出口：射弹飞出炮管的炮口瞬间，炮管不再支撑弹丸。

振荡：弹丸在飞行过程中绕其轴线以圆形模式运动。

漂移：弹丸在飞行过程中由于其旋转或自转而产生的横向运动。

偏航：由于振荡而偏离稳定飞行的情况。当弹丸进入或离开跨声速阶段时，可能是由于侧风或不稳定造成的。

阻力（空气阻力）：弹丸通过空中移动时减速的摩擦力。

（2）初始诸元

射线：由炮位的炮管轴线形成的延伸直线。

飞离线：自由飞行起点与轨道相切的线。它是由轨迹上的测量诸元推出的线。

视线（line of sight，LOS）：穿过火炮和目标的直线。

射角（angle of elevation，A/E）：由 LOS 到射线的测量值。

视角（angle of sight，A/S）：由通过火炮的水平面到 LOS 测量的角。如果目标高于火炮，则为升高（或"＋"或正）；如果目标低于火炮，则为降低（或"－"或负）。A/S 补偿了火炮和目标之间的高度差。

飞离角（angle of departure，A/D）：通过火炮的水平面到飞离线测量的角度。

投射角（angle of projection，A/P）：从 LOS 到飞离线测量的角度。一般来说，射表中的射角，加上修正跳角，就是投射角。

仰角：火炮在现有位置到达预定目标所需的角度，是 A/S 加 A/E 的和。

射表射角：在标准射表条件下达到目标，火炮需要设置的射角。

轨迹的初始诸元如图 6-6 所示。

炮膛轴线：穿过炮膛或炮管中心的线。

瞄准线或炮目线（gun target line）：瞄具或光学元件与目标之间的直线。其永远与炮管轴线相同。瞄准线是射手通过瞄具看到的视线，可以通过从射手的眼睛穿过后视镜和前视镜向无穷远处画一条假想线来说明。在查看瞄具与目标之间的关系时，瞄准线与炮目线同义。

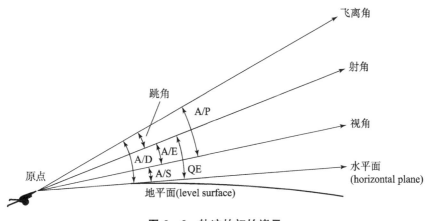

图 6 - 6　轨迹的初始诸元

高角线：从地面到炮管轴线的夹角。

弹道：弹丸的路径，受重力和大气摩擦等外力影响。

最大纵坐标：弹丸在到达碰撞点的路径上，视线上方经过的最大高度。

飞行时间：发射后特定弹丸到达给定距离所需要的时间。

跳角：由后坐引起的上下方向的垂直跳动。通常，它是飞离线和射线之间的角度（以 mil 为单位）。

飞离线：弹丸在射弹出口处的飞离线。

炮口：炮管的端头。

炮口速度或速度：在射弹出口测得的弹丸速度。炮口速度由于空气阻力而随时间降低。对于轻武器弹药，速度（V）单位为 ft[①]/s。

在弹丸离开炮管（弹丸出口）后，阻力立即开始。随着时间的推移，它会降低弹丸的速度，并且在增大射程时最明显。每发射弹都有一个弹道系数，用来衡量弹丸在飞行过程中最小化空气阻力（阻力）效应的能力。

弹道轨迹：随着时间的流逝，射弹射出的飞行路径。

风：风对弹道的影响最大。风对弹丸的影响在距目标 1/2 ~ 2/3 的 3 个关键区域最为明显，如下所述。

①时间：弹丸沿轨迹暴露在风中的时间。到目标的射程越大，弹丸暴露在风中的时间就越长。

②方向：风相对于炮管轴线的方向。这确定了应该补偿的弹丸的漂移方向。

③速度：弹丸到目标轨迹期间的风速。影响弹道轨迹变化的总风速变量包括

---

① 1 ft = 0.304 8 m。

持续风速和阵风峰值。

正视角和负视角下的射击图如图 6 – 7 所示。

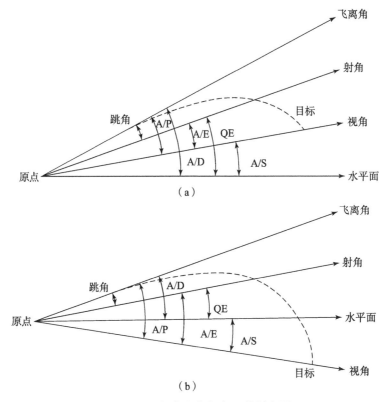

图 6 – 7 正视角和负视角下的射击图

（a）正视角下的射击图；（b）负视角下的射击图

（3）终点诸元

命中点（point of impact）：弹丸首次击中目标的点。

爆炸点（point of burst）：弹丸实际爆炸的点。它可能发生在弹着点之前、弹着点或弹着点之后。

轨迹的倾斜角（inclination of the trajectory）：通过轨迹上一个给定点的水平面与该点的轨道切线方向测量的锐角。

落角：在水平点上的轨迹角，符号为正。

撞击线：在撞击点或爆炸点上的轨迹切线。

撞击角：撞击点在撞击线和撞击平面相切的平面之间的角。

入射角：撞击表面的法线和撞击线之间的锐角。

终点诸元如图 6 – 8 所示。

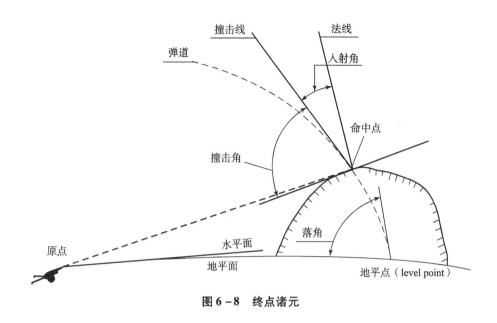

图 6 - 8　终点诸元

6.3　有效射程与射击精度

6.3.1　有效射程

有效射程是以毁伤概率为基准定义的。毁伤概率等于命中率与命中条件下的毁伤概率之积，目标一定、弹种一定时，命中条件下的毁伤概率即确定，因此，有效射程的取值依赖于命中率的试验结果。

下面给出破甲弹有效射程的确定方法。若平均命中率等于战术技术指标要求，这一命中率所对应的射击距离即为有效射程。若平均命中率大于或小于战术技术指标要求，则要修改靶距重新试验，直到命中率达到指标要求。修改靶距要根据有效射程的估算值进行，有效射程的估算方法如下。

①求出命中率战术技术指标 P 的平方根 $\sqrt{P}$，再根据 $\sqrt{P}$ 和目标边长的一半，用式 $\phi\left(\dfrac{L}{E}=\sqrt{P}\right)$ 求出对应于 P 的中间误差 E（$E=E_y=E_z$）。ϕ 为概率积分函数[1]；L 为目标高低或者方向长度的一半；E 为高低或者方向的中间误差。

②根据试验得出的 E 和靶距 X_1，有效射程 X 由式（6 - 5）求出。

$$X = X_1 E/E_1 \tag{6-5}$$

式中，X 为有效射程推算值；X_1 为本次试验的炮目距离；E_1 为高低与方向平均中间误差两者间较大者。

下面给出试验方法。无坐力炮进行有效射程试验时选择平整、视野开阔、通视性好的场地，在有效射程范围内炮目高低角应小于 5°，以坐标原点为中心，以方框线外缘为边界，画出 2.3 m × 2.3 m 目标等效受弹面积的方框图。以战术技术指标要求的有效射程为靶距，在确定的靶距上树立目标靶。无坐力炮按规定的射击条件，射击前先概略瞄向目标，再装填弹药。每次射击前炮口均须离开目标约 200 mil 的偏移量，然后重新向目标瞄准，瞄准目标靶十字线中心后射击，最后观察弹道、弹着点。记录火炮射角、射向变化情况，每发射弹瞄准装定值变位情况，射击瞬间风速、风向、气温、气压等数据。

立靶中间误差计算可按式（6-6）和式（6-7）分别计算高低与方向中间误差：

$$E_y = 0.674\,5\sqrt{\sum_{i=1}^{n}(Y_i - \overline{Y})^2/(n-1)} \qquad (6-6)$$

$$E_z = 0.674\,5\sqrt{\sum_{i=1}^{n}(Z_i - \overline{Z})^2/(n-1)} \qquad (6-7)$$

式中，E_y 为高低散布中间误差；E_z 为方向散布中间误差；$\overline{Y}$ 为高低平均弹着点坐标；$\overline{Z}$ 为方向平均弹着点坐标；Y_i 为第 i 发弹着点高低坐标；Z_i 为第 i 发弹着点方向坐标；n 为射弹数。

按式（6-8）求出 3 组中间误差：

$$E = \sqrt{\frac{(n_1-1)E_1^2 + (n_2-1)E_2^2 + (n_3-1)E_3^2}{(n_1-1)+(n_2-1)+(n_3-1)}} \qquad (6-8)$$

式中，E 为 3 组平均中间误差；n_1、n_2、n_3 分别为第 1 组、第 2 组、第 3 组着靶弹数；E_1、E_2、E_3 分别为第 1 组、第 2 组、第 3 组高低或方向中间误差。

6.3.2 射击精度

对固定目标的命中概率进行分析。无坐力炮作为单/多用途武器，主要打击目标为装甲车辆和火力点，当已知射击精度 σ_y、σ_z 时，使用多用途弹命中并毁伤目标的概率为

$$F_1(N) = 1 - (1 - R_1 H_1 M_1)^N = 1 - \left(1 - R_1 H_1 \iint\limits_{易损面}\varphi(y,z)\,\mathrm{d}y\mathrm{d}z\right)^N \quad (6-9)$$

$$\varphi(y,z) = \frac{1}{2\pi\sigma_y\sigma_z}\exp\left(-\frac{y^2}{2\sigma_y^2} - \frac{z^2}{2\sigma_z^2}\right) \qquad (6-10)$$

式中，N 为连续发射的弹药数量，针对每个目标至少连续发射 2 发；M_1 为命中精度，与射击距离相关，在直射距离 250 m 内，命中目标概率达 95% 以上，在中距

离上，与武器系统误差和立靶密集度相关。

假设便携式无坐力炮的系统误差可以修正至忽略不计，则射击精度取决于立靶密集度，射击精度 σ_y、σ_z 的表达式为

$$\sigma_y = E_y/0.674\ 5 \tag{6-11}$$
$$\sigma_z = E_z/0.674\ 5 \tag{6-12}$$

R_1 为武器系统可靠性，假设为 0.95。

H_1 为毁伤率，对于装甲车辆目标，毁伤率可取值为 0.95；对于火力点目标，毁伤率可取值为 0.7。

装甲车辆和火力点易损面积范围取值均为 $y \pm 1.15$ m、$z \pm 1.15$ m。

E_y、E_z 为立靶密集度的高低和方向中间误差，假设多用途弹 400 m 立靶密集度为 0.35 m×0.35 m，则在最大射击距离 600 m 时，目标命中概率为 70%。

6.4　瞄准装置

无坐力炮是一种重要的现代火力支援武器，其精确的打击能力离不开先进的瞄具技术。在当今军事装备中，瞄具种类繁多，不同类型的瞄具具有不同的功能和特点，不同环境下使用的瞄具也不尽相同，无坐力炮的瞄具主要包括机械瞄具、光学瞄具以及热成像瞄具等。

6.4.1　机械瞄具

机械瞄具是一种用于射击武器，特别是无坐力炮的重要部件（见图 6 - 9），它帮助射手进行目标瞄准，以实现精准射击。从下面描述中，可以了解到机械瞄具的详细结构和功能。

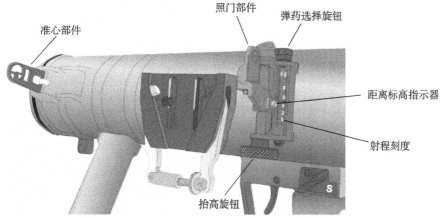

图 6 - 9　无坐力炮机械瞄具

机械瞄具主要由折叠座、前瞄具和后瞄具组成。其中，后瞄具具有多种功能部件，如柱尺和射程刻度，用于不同类型弹药的射程指示和射程设定旋钮，使得射手可以根据不同的射击需求进行精确的射程调整。只有当准心、照门和无坐力炮的轴线完全重合时，射手才能准确地将炮弹射向目标，保证了无坐力炮射击的精准性，然而，机械瞄具也存在一些优缺点。其优点在于结构简单、易于操作和维护，且不受电源等外部条件的限制，缺点是在极端恶劣环境下的耐用性可能稍逊。无坐力炮机械瞄具有效观瞄范围可达 600 m，通过表尺上的刻线和字标，射手可以方便地进行射击距离的调整和装定。此外，通过旋转游标旋钮修正照门高低，进一步提升了射击的精准度。

6.4.2 光学瞄具

无坐力炮光学瞄具是一款集成了多种先进技术的瞄准设备，如图 6 - 10 所示。其采用白光、激光和红外光集于一体的三光结构。

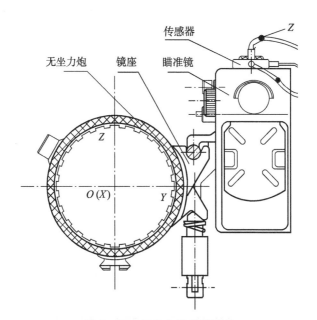

图 6 - 10　无坐力炮光学瞄具

光学瞄具的结构设计紧凑且合理。瞄具壳体作为主体结构，内部集成了各种系统组件。白光瞄准系统、激光测距系统、红外探测系统和显示系统均通过精密的机械结构和电子连接方式固定在瞄具壳体内，具有一定的抗振性和抗冲击性，确保了各部件的稳定性和可靠性。同时，光学瞄具还采用了防水、防尘等防护措施，以适应恶劣的战场环境。白光瞄准系统提供基本的瞄准功能，确保在白天条件下能够准确锁定目标。通过物镜组件收集光线，形成清晰的图像，经过光学分划组件，射手能够准确地对目标进行瞄准。激光测距系统则利用激光束的发射与接收，通过测量激光往返时间来确定目标距离。红外探测系统则利用红外辐射的原理，在夜间或低光照条件下捕捉目标信息，使得光学瞄具在夜间或低光照条件下仍能保持高效的观测能力。显示系统通过显示屏将各种信息直观地呈现给射手，方便其做出准确的射击决策。

6.4.3 热成像瞄具

无坐力炮热成像瞄具（见图 6 – 11）基于物体发射的红外辐射工作，这种红外辐射在不同的温度下有所差异，以瞄具根据温度的估算来数字化复制视场。通过捕捉和分析这些辐射，热成像瞄具能够生成代表目标温度分布的灰度或彩色图像，从而使射手在复杂或低能见度条件下仍能准确识别和瞄准目标。热成像瞄具能够在黑暗、烟雾、雾、灰尘和霾等能见度有限的条件下进行目标捕获。这种瞄具可以在白天和夜晚工作。

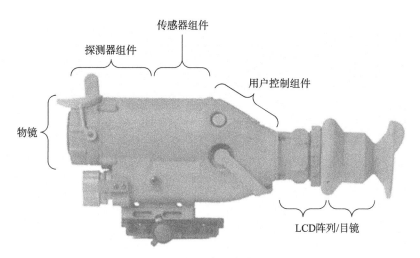

图 6 – 11　无坐力炮热成像瞄具

该瞄具的特点在于其 5 个核心功能组件的紧密配合：物镜负责接收红外光，探测器组件将其转换为电信号，传感器组件处理这些信号以适应显示屏的显示要求，而 LCD 阵列/目镜则将图像清晰地呈现给射手。此外，用户控制组件允许射手根据实际需求调整瞄具参数。

然而，这种瞄具也存在一些优缺点。其优点在于能够在各种恶劣环境下提供清晰的瞄准图像，且瞄准精度高；缺点则包括高昂的制造成本、复杂的维护程序以及对射手操作技能的较高要求。无坐力炮热成像瞄具表现出色，能够在各种能见度条件下为射手提供目标的清晰红外图像，使射手能够迅速、准确地瞄准并射击目标。通过调整瞄具参数，射手可以进一步优化射击效果，提高射击的准确性和速度。

热成像瞄具的使用方法如下。热成像瞄具中的热传感器以及光学器件使用小型检测器来识别波长 3~30 μm 之间的 IR 辐射。热传感器件基于所识别的温度来计算热场景并将其处理成相关视频图像信号。光学器件可以区分可视场景摄氏度的热变化，这些变化产生相应的对比梯度，在目镜的 LCD 屏幕上显示热图像。

如图 6-12 所示，无坐力炮热成像瞄具可选择 5 条不同的十字线，并提供多个瞄准点用于目标射击。每个瞄准点用于不同的范围，用于特定瞄准点的距离（以 m 为单位）在每个距离估计线旁边指示（如 6 代表 600 m）。每隔 50 m 设置一个瞄准点。垂直范围估计线反映了在指定范围内 5 ft 人的身高。水平距离估计线反映了 10 ft 坦克在指定距离的宽度。

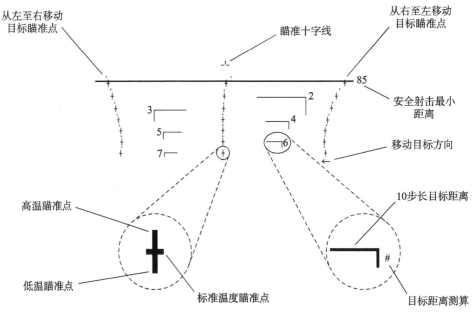

图 6-12　无坐力炮热成像瞄具瞄准十字线

参考文献

[1] 国防科学技术工业委员会. 火炮外弹道试验方法：GJB 2974—1997 [S]. 北京：国际科学技术工业委员会，1997.

第7章

测试技术与规范

7.1 概　述

在无坐力炮的系统设计中所进行的试验研究要求使用各种专用测试仪器来记录重要的试验数据。内弹道的性能研究至少要求测定药室内压力－时间变化和初速的数据，此外，还可能要求测定膛内瞬时温度、弹丸位移－时间以及弹底压力等数据。喷喉设计要求测定坐力冲量、可能产生的坐力以及速度－时间变化的数据。研究射击安全的危险性可能需要绘制火炮周围的冲击波压力场曲线图，附加数据（如炮口闪光和坐力转矩）也可能是需要的。炮管设计通常要求对无坐力炮各点的应力值进行试验验证，并在射速试验过程中进行温度测定。

同常规武器一致，轻型无坐力炮发射时，需测量内、外弹道的参数。其测试手段和常规武器一样。此外，由于发射器质量小且采用线膛结构，因此弹丸发射时，发射器会同时产生动不平衡和扭转，然而目前扭转测试方法缺失，需要组建专业测试设备对其进行同步测试。同时，轻型无坐力炮属于单兵武器，需要评估武器脉冲噪声对射手听觉和非听觉器官的安全性。此外，轻型无坐力炮发射瞬间，弹丸向前运动的同时，大量火药燃气由尾喷管喷出，形成危险区。在该区域内同时存在冲击波、火焰、燃气射流以及高速飞行的堵片等危险源，测试内容复杂，测试环境恶劣。

由于轻型无坐力炮系统的发射环境及弹药爆炸环境具有瞬时性、强冲击、强干扰等特点，因此针对轻型无坐力炮系统的战术技术性能的测试需要测试系统具有以下几点要求：

①整个测试系统具有高速响应能力以及较高的采样频率或拍摄帧率；

②传感器及其安装装置具有抵抗强冲击、耐高温的能力，安装方便、快捷；

③数据传输线路安全可靠，能够保证数据的完整性和数据质量；

④测试系统具有较强的抗干扰能力，能够满足野外复杂测试环境的测试要求；

⑤整个测试系统满足测试的精度要求。

7.2　弹道参数测试

弹道参数测试包括内弹道和外弹道测试。常规的弹道参数包含膛压和初速。轻型无坐力武器采用碳纤维缠绕和钛合金内衬的制造工艺，还需要通过测量发射器的应变评估发射器的强度。

7.2.1　内弹道参数测试

1. 膛压测试

对于膛压，目前可以通过铜柱（球）测压法、引线电测法、放入式电子测压器法进行测试。

①铜柱（球）测压法：测压器主要由铜柱（球）和活塞两部分组成，测试时使火药气体压力作用在活塞上，活塞会使铜柱（球）产生塑性变形，随后通过变形量与所受力的关系便可求得压力值。铜柱（球）测压法具有简单、快捷的优点，但是会受到铜柱（球）选择、火炮结构参数、人工操作等因素的干扰，且只能测得单一位置的最大压力，无法实时检测压力变化。

②引线电测法：主要由压力传感器、电荷放大器、数据记录仪组成。具有准确度高，可以获得完整的膛压随时间变化曲线的优点，但是由于系统的复杂性与需要在炮身开孔等因素而导致使用受限。

③放入式电子测压器法：放入式电子测压器是由压电式压力传感器、信号调理电路、A/D 转换器、存储器及高强度壳体组成的测试系统。测试时将测压器放置在火炮的膛底，其在火炮发射过程中将自主完成信号的采集和存储，并可以重复使用，具有体积小、无引线、使用方便等优点。

下面介绍引线电测法测试实例，试验采用压电式压力传感器测量无坐力炮膛压。测压孔位置如图 7 - 1 所示，使用前清理传感器端面并在其上均匀涂抹硅脂。试验在常温条件下进行，主要监测药室以及身管膛线各处的膛压大小。图 7 - 2 所示为测试获得的身管各处膛压曲线。

2. 身管应变测试

在轻型无坐力炮内弹道性能动态测试试验中，通常在产品研制过程中有两种试验用炮，一种为弹道炮，另一种为战斗炮，前者可以在身管壁面钻取测压孔进行膛压测试，而后者无法在身管壁面钻取测压孔，这就需要在身管壁面上进行应变测试。应变测试的目的一是对发射时的身管强度进行校核，二是可以根据应变数据来评估膛压的大小。

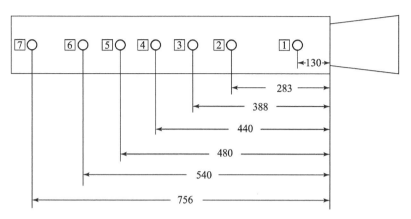

图 7 - 1　膛压测试的测压孔位置示意图

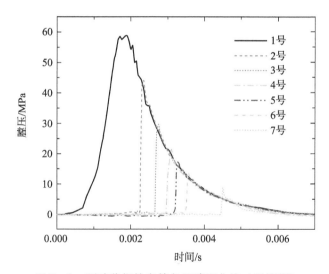

图 7 - 2　测试获得的身管各处膛压曲线（附彩插）

箔式电阻应变片放置位置示意如图 7 - 3 所示。在粘贴应变片之前使用砂纸对相应位置斜向 45° 进行打磨，清理碎屑确保表面光滑后用无水酒精进行擦拭清理，待酒精挥发后使用专用胶水粘贴应变片与引线。试验主要在常温条件下进行，主要监测药室、坡膛、炮口以及身管膛线各处的应变变形，并后续与膛压曲线进行对比。

电阻应变传感器主要监测敏感栅随身管变形而产生电阻变化的数据。图 7 - 4 所示为炮身各部位微应变曲线。

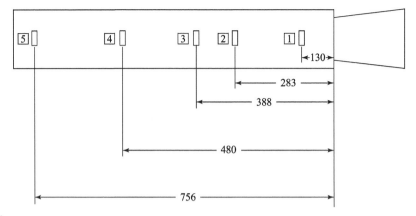

图 7-3　箔式电阻应变片放置位置示意

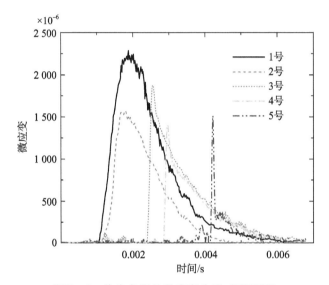

图 7-4　炮身各部位微应变曲线（附彩插）

图 7-5（a）给出了经过整理后的药室处膛压曲线与微应变曲线，两条曲线十分相似，这说明应变曲线与膛压曲线存在着相似规律。图 7-5（b）所示为经过整理后药室处膛压与微应变数据相互对应的散点图，测试点膛压与微应变大小基本呈线性关系，其表达式为

$$P = 0.028\,5\varepsilon - 5.733\,88 \qquad (7-1)$$

式中，ε 为微应变；P 为对应药室膛压。

1 号应变片位于药室处，因此图 7-6（a）表征由膛压造成的身管材料微应变曲线。2 号应变片位于坡膛处，因此图 7-6（b）表征由弹带挤压和膛压共同造成的身管材料微应变曲线。3 号、4 号、5 号应变片位置都在膛线各不同位置处，因此图 7-6（c）~图 7-6（e）皆表征由弹带与膛线的挤压作用和膛压共同造成的身管材料微应变曲线。图7-6（b）~图7-6（e）中均有明显的拐点将曲线分为两部分，进行曲线拟合区分后，曲线左部分为弹带挤压引起的身管微应变曲线，曲线右部分为膛压引起的身管微应变曲线，且膛压对身管微应变的作用时间要大于弹带对其的作用时间。

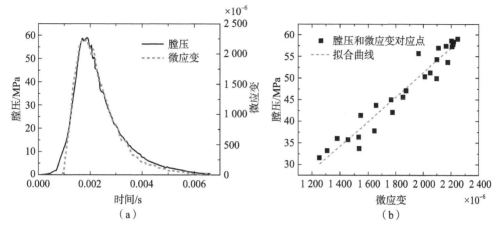

图7-5　药室处膛压与微应变曲线对比图与不同时刻散点图

（a）膛压曲线与微应变曲线比较；（b）相同位置不同时刻膛压和微应变对应散点图

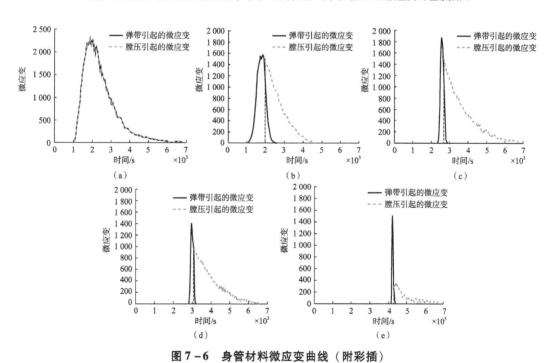

图7-6　身管材料微应变曲线（附彩插）

（a）1号测试点；（b）2号测试点；（c）3号测试点；（d）4号测试点；（e）5号测试点

表7-1为各测试点中由不同原因引起的微应变最大值与差值对应表，由此可见弹丸在身管内运动的过程中，弹带与膛线的挤压作用引起的微应变要先于膛

压引起的微应变，且前者引起的微应变值大于膛压引起的微应变值。当弹带在弹丸挤压初始段时，弹带与膛压对微应变造成的影响几乎一样，但随着弹丸行程增加，弹带对微应变的影响逐渐大于膛压对微应变的影响。

表 7 - 1　各测试点中由不同原因引起的微应变最大值与差值对应表

测试点	弹带引起应变最大值	膛压引起应变最大值	差值
2	1 576	1 481	95
3	1 881	1 528	353
4	1 411	985	426
5	1 505	372	1 133

7.2.2　外弹道参数测试

无坐力武器装配的弹药多为无控弹药，外弹道测试项目包含弹丸的初速和转速测试、弹丸飞行姿态测试、弹丸飞行时间测试和立靶密集度测试等。测试方法与常规武器的弹药测试一致。这里仅对弹丸测速进行介绍。

弹丸速度的测试方法包括靶测速、高速分幅摄影测速、雷达测速等。雷达测速原理示意如图 7 - 7 所示。其工作原理是天线系统用来发射和接收 X 波段连续波信号；终端处理系统用来从回波的零中频信号中提取目标的多普勒信号并计算其频率，由此推算出飞行弹丸的径向速度，进而完成弹丸飞行弹道诸元的计算。

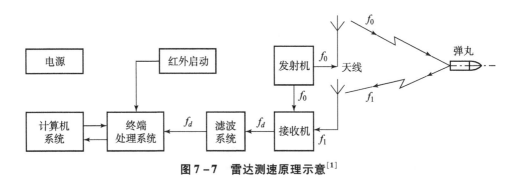

图 7 - 7　雷达测速原理示意[1]

7.3　无坐力武器射击安全性测试

7.3.1　射手安全性测试

根据国内外研究现状，目前动不平衡冲量的测试方法主要包含弹道摆方法、高速录像法和传感器方法等。弹道摆方法是国军标中的标准测试方法。为了保证测试准确性，要求测试过程中摆角≤3°，这就对被测武器质量、摆杆长度提出了要求，对于轻型无坐力炮系统需要增加配重和摆杆长度，给测试带来不便。此外，弹道摆方法只能测试得到武器最终的动不平衡冲量，不利于动不平衡冲量的精细化分析。高速录像法是通过高速录像机拍摄火炮的运动状态，应用图像处理技术得到火炮后坐的速度、位移等参数，进而得到其后坐力，但是高速录像机对拍摄时的光照条件要求较高，且易受到无坐力炮发射火光和烟雾的影响，导致测试精度变差。因此，传感器方法是轻型无坐力炮系统动不平衡冲量较为理想的测试手段。对于发射扭转力矩冲量的测试方法，目前还鲜有报道。而由于无坐力炮的轻量化设计，其发射扭转又不容忽视。为此，基于位移传感器和推力传感器建立了一种无坐力炮动不平衡冲量和发射扭转力矩冲量同步测试系统，其组成如图 7 - 8 所示。

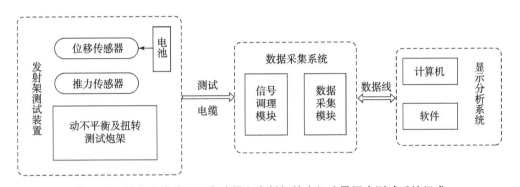

图 7 - 8　无坐力炮动不平衡冲量和发射扭转力矩冲量同步测试系统组成

该系统的测试原理如下：通过合理的发射架设计保证轻型无坐力炮在发射时，可以沿炮膛轴线自由前后移动，同时其发射扭转不受限制。由位移传感器测得发射器前后运动位移随时间的变化曲线，对数据进行一阶求导得到发射器沿轴线的运动速度，再与运动质量相乘得到动不平衡冲量。该方法测试精度高，可以为轻型无坐力炮动不平衡冲量的精细化研究提供数据支撑。与此同时，推力传感器测试得到发射器扭转力随时间的变化曲线，在已知力臂长度的情况下，对数据进行简单的滤波积分即可得到轻型无坐力炮的发射扭转力矩冲量，该方法测试精度高，可以为发射扭转力的控制研究提供数据支撑。

1. 轴向不平衡冲量测试

（1）测试摆方法

测试摆方法可以参考《火炮安全性和勤务性试验方法》（GJB 2971—1997）[2]、《常规兵器定型试验方法　无坐力炮》（GJB 349.25—1990）[3]和《无坐力炮定型试验规程》（GJB 3109—1997）[4]。这三个标准中的测试原理基本一样，这里只给出 GJB 2971—1997 中的方法。测试系统由测试摆、位移测试装置、周期测试装置组成，测试摆组成示意如图 7 – 9 所示[2]。

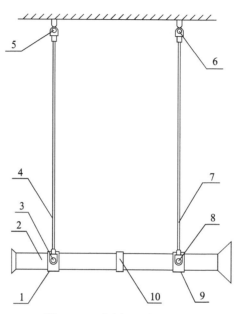

图 7 – 9   测试摆组成示意图

1，9—火炮夹箍；2—无坐力炮；3，8—下铰链；4—无坐力炮前悬挂；

5，6—上铰链；7—无坐力火炮后悬挂；10—配重

根据被试无坐力炮结构，设计加工夹箍、配重件和安装测试部件的夹具，保证与不平衡冲量指标对应的无坐力炮最大水平位移小于上下铰链轴间距离的 1/10，并尽可能减小式（7 – 2）计算的 K 值。

$$K = m_q L / (ML + m_1 l_1 + m_2 l_2) \qquad (7 - 2)$$

式中，m_q 为弹质量；L 为上下铰链间距离；M 为无坐力炮、配重件、击发装置、夹箍和测试部件的总质量；m_1 为后悬挂质量；l_1 为后悬挂质心到上铰链轴距离；m_2 为前悬挂质量；l_2 为前悬挂质心到上铰链轴距离。

按现场测试条件装配连接测试摆，测量连续振荡 10 次的时间进行平均，得到周期 T，确认自射击瞬间起到后效期终了的时间 t_0 应满足

$$\frac{t_0}{T} \leqslant \frac{1}{50\sqrt{2 + K}} \qquad (7 - 3)$$

不平衡冲量按式（7 – 4）和式（7 – 5）计算，即

$$P = gDT(M + m_1 l_1 / L + m_2 l_2 / L) / (2\pi L) \qquad (7 - 4)$$

$$D = D_1 + (D_1 - D_2) / 2 \qquad (7 - 5)$$

式中，P 为不平衡冲量；g 为重力加速度；D_1 为发射后无坐力炮最大位移；D_2 为与 D 反向的最大位移。

（2）位移测试方法

轴向动不平衡选择不同喷管、不同装药、不同弹带、不同点火药盒、不同弹底密封堵片以及不同温度等工况进行测试。发射扭转选择不同膛线结构和不同的力接触方式进行测试。测试系统采用动不平衡冲量和发射扭转力矩冲量测试系统，其原理如图 7 – 10 所示。

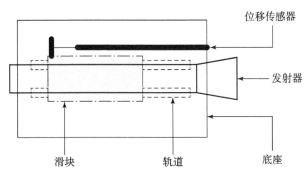

图 7 – 10　动不平衡测试原理图

依据单一变量原则，试验分别在不同喷管、不同装药、不同弹带、不同点火药盒、不同弹底密封堵片以及不同温度条件下重复了多次，以不同装药和不同点火药盒为例，测试结果典型曲线如图 7 – 11 所示。

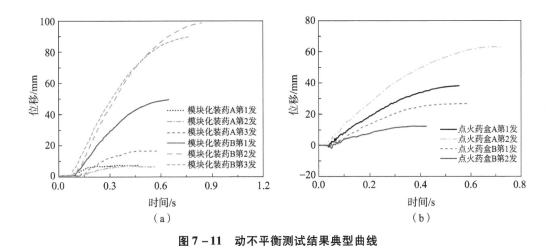

图 7 – 11　动不平衡测试结果典型曲线

（a）不同装药条件下的动不平衡位移曲线；（b）不同点火药盒条件下的动不平衡位移曲线

由于测试项目需求，动不平衡测试无法保证使用同一状态的发射器进行测试；而不同发射器的质量不同会导致在相同动不平衡冲量的条件下测试系统滑动部分的位移和速度有所不同，但是对冲量的测试影响不大。在同一发射器条件下，测试系统滑动部分位移的大小可以直接反映出动不平衡冲量的大小。图 7 - 11 所示为弹道炮的测试结果，根据曲线位移变化情况可知，装药结构对动不平衡的影响大于点火药盒对动不平衡的影响。为了更加直观地反映不同影响因素对动不平衡冲量的影响，对测试数据进行处理得到动不平衡冲量的统计结果如表 7 - 2 所示，表中数据为正时武器后坐，数据为负时武器前冲。

表 7 - 2　动不平衡冲量的统计结果　　　　　　　　　　　　N·s

序号	喷管		装药		弹带		点火药盒		弹底密封堵片	
	A	B	A	B	A	B	A	B	A	B
1	4.94	- 0.47	1.52	7.48	3.21	6.37	5.33	- 1.08	1.25	37.99
2	4.80	0.67	1.30	11.09	- 1.88	4.34	7.42	3.07	1.25	37.92
3	5.50	0.61	3.81	9.61	5.80	7.59	8.11	7.32	0.41	45.33

2. 发射扭转特性测试

轻型无坐力炮系统的发射扭转特性试验可根据测试内容的不同分为扭转力测试和旋转速度测试两部分。

扭转力测试系统如图 7 - 12 所示。发射器选用某轻型无坐力炮，其膛线为 4° 缠角的等齐膛线，弹丸选择两种不同形式的弹药。发射器水平安装在炮架上的轴承装置中，当弹丸发射时，扭转力通过发射器上的力臂传递给推力传感器，数据采集仪记录发射器的扭转力和时间数据。

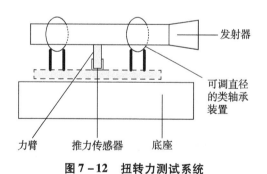

图 7 - 12　扭转力测试系统

旋转速度测试包含弹丸转速测试以及发射器转速测试，测试系统如图 7 - 13 所示。发射器选用某轻型无坐力炮的钛合金弹道炮，其膛线为 4° 缠角的等齐膛线。发射器水平安装在炮架上的轴承装置中，当弹丸发射时，发射器可以自由旋转。在弹丸及发射器上做旋转标识，将两台高速录像机放置在侧面分别拍摄发射器和弹丸的旋转运动，对高速录像机记录的照片进行图像处理后得到发射器和弹丸的旋转速度。高速录像机的拍摄帧率设置为 10 000 帧/s。

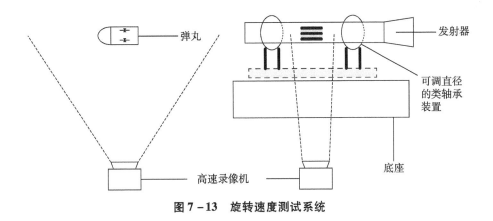

图 7 - 13　旋转速度测试系统

分别对两种弹丸发射时发射器的扭转力进行了测试，测试结果曲线如图 7 - 14 所示。

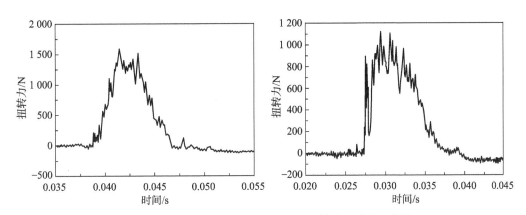

图 7 - 14　两种弹丸发射时发射器的扭转力测试结果曲线

对扭转力的时间曲线进行积分，然后将积分得到的冲量乘以测试力臂即可得到发射器在发射不同弹丸时的扭转力矩冲量，具体结果如表 7 - 3 所示。

表 7 - 3　扭转力矩冲量测试结果

参数	弹丸 1	弹丸 2
扭转力积分冲量/(N・s)	6.210	5.770
测试力臂/m	0.138	0.138
扭转力矩冲量/(N・m・s)	0.857	0.796

3. 射手位置的冲击波和噪声测试

射手位置的冲击波测试试验是对喷管外流场的冲击和波噪声进行测量。根据冲击波测试和听觉器官安全标准[5-6]，将噪声和冲击波的界限定为170.7 dB SPL（6.9 kPa），大于6.9 kPa的为冲击波，小于6.9 kPa的为噪声。为了概念的一致，行业内通常又将超过该值的复杂冲击波称为脉冲噪声。冲击波与噪声有区别：噪声是以纵波传播的线性波，传播速度等于当地声速，声压随距离的衰减较慢；而冲击波是大振幅的非线性波，传播速度是超声速的。

将噪声测试点放置在距离身管壁200 mm、距离喷管进口300 mm的位置，与实际操作中射手位置重合。噪声传感器敏感面朝上，其高度与炮管顶部处于同一水平面，并使用高速录像机记录射手位置处冲击波的运动情况。为避开喷管出口燃气火光的影响，将背景板平行放置在距离无坐力炮轴线15 m的位置，背景板采用黑白相间的硬质板，高速录像机则布置在无坐力炮的另外一侧，拍摄冲击波经过背景板的情况，测试示意如图7-15所示。

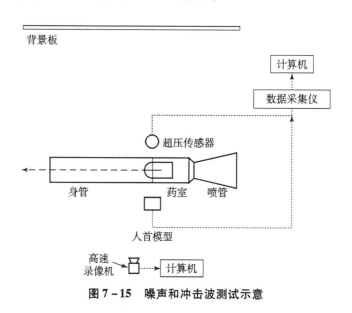

图7-15 噪声和冲击波测试示意

无坐力炮噪声测试系统需要用到多种传感器和设备，包括压力传感器、超压传感器、应变片、高速录像机和数据采集控制模块等。压力传感器采用的是压电式压力传感器，具有良好的动态特性，一般用于高速动态气体压力测试，有效量程为0~200 MPa，超压传感器采用的是压电式石英传感器，两种传感器的具体参数如表7-4所示；应变片采用的是箔式电阻应变片，具有自补偿功能、自身能够抑制应变温度漂移、工作范围广且测量结果稳定等特点；高速录像机拍摄帧率设置为10 000 fps。试验过程中，每射击一发进行一次数据采集，为保证测量精确，在相同情况下重复射击多发。

表 7 – 4　压力传感器和超压传感器的主要参数

传感器类型	量程	灵敏度	非线性
压力传感器	$0 \sim 200$ MPa	$2.4\ pc \times 10^{-5}$ Pa	$< 1.0\%$
超压传感器	$0 \sim 50$ psi①	$97\ mV \cdot psi^{-1}$	$< 1.0\%$

射手位置的噪声是单兵武器重要的技术指标，所以有必要研究其大小和来源，试验通常通过测量射手位置压力传感器来确定噪声大小。

图 7 – 16 所示为射手位置压力传感器的数据（以下称为射手位置超压）。可以看到射手位置超压的曲线有多个峰值，冲击波的超压峰值在 20 ~ 25 kPa 范围内。前两个冲击波的超压峰值间隔约为 0.1 ms，是由气体从尾喷管流出产生的；在间隔约 2 ms 后又出现了两个冲击波的超压峰值，主要是炮尾喷出的未燃火药的爆燃，以及地面反射造成的。

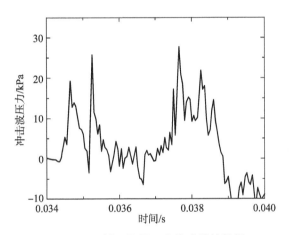

图 7 – 16　射手位置压力传感器的数据

通过式（7 – 6）将峰值超压转化成声压级（dB SPL）。

$$L_{dB} = 20\ \log_{10}\ (P_1 / P_{ref}) \tag{7 – 6}$$

式中，P_1 为峰值超压；$P_{ref} = 2 \times 10^{-5}$ Pa。当 $P_1 = 20$ kPa 时，$L_{dB} = 180$ dB SPL。当噪声超过 140 dB SPL 时，就会对人的耳膜造成伤害，因此在发射时要佩戴耳塞或者耳罩等保护措施。

通过高速录像机能够清晰观察冲击波传播运动情况，图 7 – 17 给出了射手位置附近的冲击波运动情况。

---

① psi 是磅力/英寸² （lbf/in²），1 lbf/in² = 6.894 8kPa。

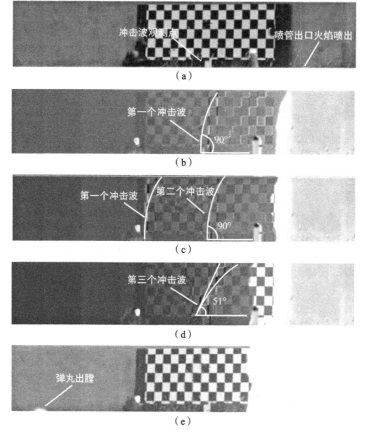

图 7 - 17　射手位置附近的冲击波运动情况

(a) 0 ms; (b) 1.3 ms; (c) 1.9 ms; (d) 3.3 ms; (e) 3.4 ms

7.3.2　后喷区域危险性测试

1. 测试布置

危险源是指在一个系统中具有潜在能量或物质释放的位置或区域内可能造成人员伤亡的因素。危险源一般存在于确定的系统中，针对不同层级的系统，危险源所指代的位置和因素也不相同。下面以轻型无坐力炮系统为对象进行危险源分析。

根据轻型无坐力炮系统的发射特点可知，其在发射过程中膛内大量火药燃气由尾喷管喷出，在炮尾后方形成一个扇形区域，在该区域内存在多种形式的能量可对人员造成伤害。冲击波作用于人体时会对鼓膜和肺部造成伤害；高速喷射的燃气射流作用于人体时会对人体产生抛掷作用，导致撞击伤害；后喷火焰作用于人体皮肤会导致烧伤；飞行中的弹底密封堵片与破片相似，击中人体时会对人体造成一定的外科伤害。总结可知，轻型无坐力炮系统在发射过程中，会在炮尾形成危险区域，在该区域内存在的危险源主要包括冲击波、高速燃气射流、火焰和飞行中的弹底密封堵片，其中弹底密封堵片的飞行状态不稳定，难以对其进行定量化分析，因此不对其进行分析讨论。

轻型无坐力炮系统后喷区域内的危险源较多，测试系统复杂，不同测试内容之间存在相互干涉，因此将测试分为两部分进行：一部分是冲击波测试与热流参数测试组合进行同时测量，燃气射流参数采用自制设备进行单独测试；另一部分是通过合理的试验方案设计完成后喷区域危险源的测试。

试验样品为某型轻型无坐力炮及模拟弹药，采用远程机械击发装置进行射击。测试系统分为引线式冲击波参数测试系统、基于戈登式热流传感器的热流参数测试系统和基于位移传感器的燃气射流冲量测试系统。选用传感器的具体参数如表 7-5 所示。

表 7-5 传感器参数

传感器类型	量程	灵敏度	非线性
超压传感器	$0 \sim 50$ psi	100 mV $\cdot$ psi^{-1}	$\leq 1.0\%$
热流传感器	$0 \sim 2\,000$ kW $\cdot$ m^{-2}	$0.005\,25$ mV/(kW $\cdot$ m^{-2})	$\leq 2.0\%$
位移传感器	$0 \sim 250$ mm	40 mV $\cdot$ mm^{-1}	$\leq 0.3\%$

图 7-18 所示为冲击波及热流参数组合测试系统场地布置示意图。发射器水平放置于发射架上，超压传感器和热流传感器按图 7-18 所示位置安装在支架上，安装高度与发射器火线平齐。图 7-19 所示为燃气射流冲量测试系统场地布置示意图。整个装置放置于发射器后方，燃气射流挡板正对喷管出口，摆杆、燃气射流挡板和滑块组成一个整体，在燃气射流冲量作用下绕右侧的支架转动。通过位移传感器可以间接测得结构整体的转动角速度，然后根据角动量定理即可计算得到燃气射流冲量。此外，为了更加直观地得到后喷燃气射流火焰区大小，利用放置在发射器侧面的高速录像机（拍摄帧率为 8 000 fps）记录轻型无坐力炮发射过程。

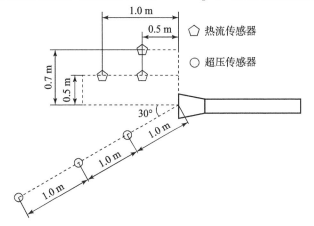

图 7-18 冲击波及热流参数组合测试系统场地布置示意图

注：超压传感器除 30° 方向以外，还分别布置在 0°、45° 以及 60° 方向。

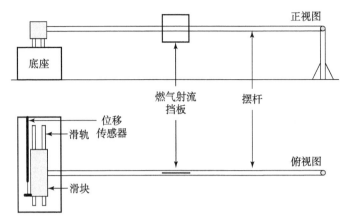

图 7 - 19 燃气射流冲量测试系统场地布置示意图

2. 测试结果

（1）冲击波测试结果

轻型无坐力炮系统发射过程中产生的冲击波如图 7 - 20 中的白色标线所示。经过对多次射击试验测试结果的筛选，去除异常信号后可以得到轻型无坐力炮后喷危险区内不同位置处的冲击波超压值。其中冲击波超压数据 ΔP 从图 7 - 21 中读取。后喷区域内超压测试结果如表 7 - 6 所示。

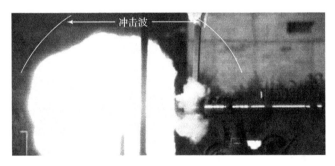

图 7 - 20 冲击波照片

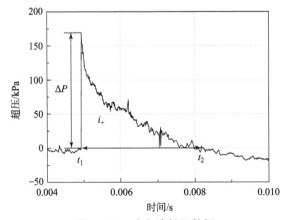

图 7 - 21 冲击波超压数据

表 7 – 6　后喷区域内超压测试结果　　　　　　　　kPa

序号	测试角度/(°)	测试距离/m							
		0.58	1.00	1.50	2.00	2.50	3.00	3.75	5.00
1	0						64.5	58.4	37.9
2	0						80.1	48.3	37.5
3	30		255.8		102.6		63.5		
4	30		184.9		99.5		57.5		
5	30		211.8		72.5		55.7		
6	45		254.3		70.4	50.4	42.9		28.1
7	45		229.0		82.4	47.1	43.1		29.2
8	45		173.4		69.0	50.9	38.3		29.3
9	45		251.8		65.9	44.8	44.7		28.9
10	60	135.8	78.8	51.8					
11	60	137.2	73.8						

（2）热流参数测试结果

轻型无坐力炮系统发射的后喷火焰区的尺寸如图 7 – 22 所示，火球直径约为 2.18 m。在后喷火焰区内部应用戈登式热流传感器对热流参数进行测试，测试点位于 0.5 m×0.5 m、0.5 m×0.7 m 和 1.0 m×0.5 m 处，如图 7 – 23 所示。经过对测试结果的筛选，从图 7 – 23 中读取了不同位置处的热流强度和持续时间，具体结果如表 7 – 7 所示。

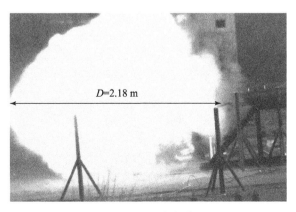

图 7 – 22　后喷火焰区

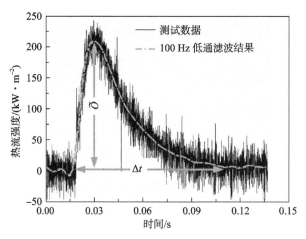

图 7 - 23　热流参数

表 7 - 7　后喷区域内热流测试结果

传感器位置/(m×m)	0.5×0.5			0.5×0.7			1.0×0.5		
热流强度/(kW·m⁻²)	316.3	289.4	271.3	210.1	208.4	245.0	387.2	295.1	375.3
平均强度/(kW·m⁻²)	292.3			221.2			352.5		
时间/ms	95.1	100.8	96.7	96.9	94.6	77.2	90.7	131.4	100.9
平均时间/ms	97.5			89.6			107.6		

（3）燃气射流参数测试结果

根据燃气射流参数试验方案设计原理可知，直接测量参数为滑块的位移，对位移实测数据进行一阶求导，得到滑块的位移和速度随时间的变化曲线如图 7 - 24 所示。

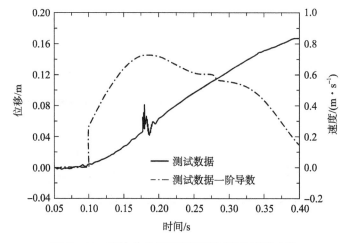

图 7 - 24　滑块的位移和速度随时间的变化曲线

　　由图 7 - 24 中滑块运动的速度 - 时间曲线可知，燃气射流冲量对测试机械装置的加载过程分为三个阶段。第一阶段是发射药爆燃产生的瞬时冲击；第二阶段是火药燃气的持续冲击，但是由于火药燃气的不断流失，因此冲击作用力不断减小；第三阶段是火药燃气作用结束，测试装置的速度开始逐渐降低。根据图 7 - 24 中的速度 - 时间曲线提取滑块的速度，不同距离处的结果如表 7 - 8 所示。

表 7 - 8　不同距离处滑块的速度

燃气射流挡板与喷口距离/m	1	2	3
滑块的速度/(m·s^{-1})	1.247	0.728	0.529

参考文献

[1] 刘世平. 实验外弹道学 [M]. 北京：北京理工大学出版社，2016.

[2] 国防科学技术工业委员会. 火炮安全性和勤务性试验方法：GJB 2971—1997 [S]. 北京：国防科学技术工业委员会，1997.

[3] 国防科学技术工业委员会. 常规兵器定型试验方法　无坐力炮：GJB 349.25—1990 [S]. 北京：国防科学技术工业委员会，1990.

[4] 国防科学技术工业委员会. 无坐力炮定型试验规程：GJB 3109—1997 [S]. 北京：国防科学技术工业委员会，1997.

[5] 国防科学技术工业委员会. 常规兵器发射或爆炸时脉冲噪声和冲击波对人员听觉器官损伤的安全限值：GJB 2A—1996 [S]. 北京：国防科学技术工业委员会，1996.

[6] 国防科学技术工业委员会. 常规兵器定型试验方法　炮口冲击波超压测试：GJB 349.28—1990 [S]. 北京：国防科学技术工业委员会，1990.

彩　　插

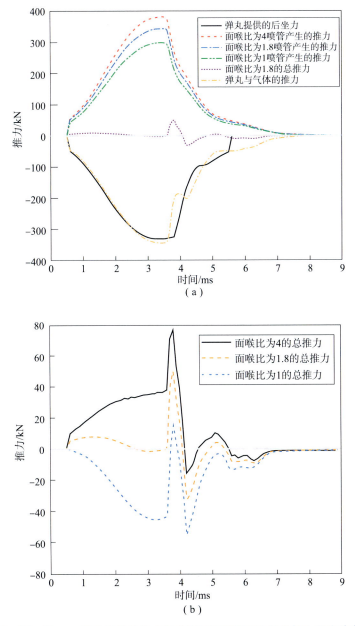

图 3－21　90 mm 无坐力炮的推力组成及不同喷管对应的总推力曲线放大图

（a）90 mm 无坐力炮的推力组成；（b）不同喷管对应的总推力曲线放大图

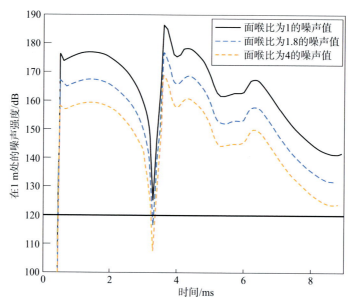

图 3 – 22　不同面喉比下的噪声强度估计值

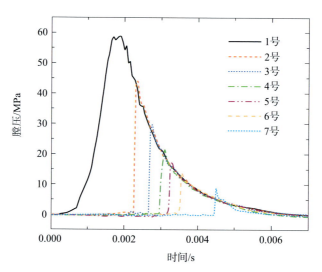

图 7 – 2　测试获得的身管各处膛压曲线

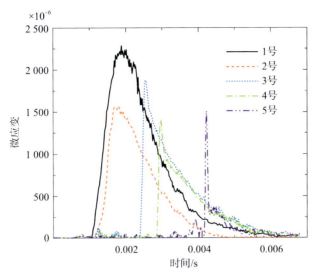

图 7-4 炮身各部位微应变曲线

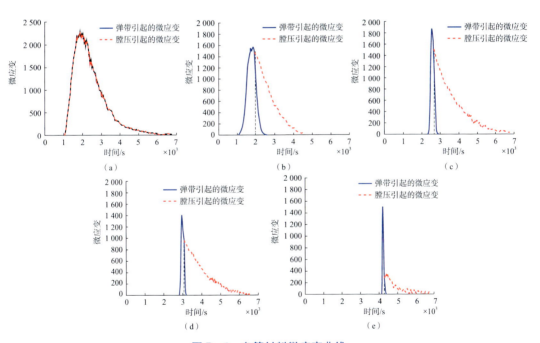

图 7-6 身管材料微应变曲线

（a）1号测试点；（b）2号测试点；（c）3号测试点；（d）4号测试点；（e）5号测试点